何建中

交通运输部新闻发言人
交通运输部政策法规司司长
交通运输部新闻办公室主任

何建中　男，汉族，1958年11月出生于湖北省仙桃市，中欧国际工商学院工商管理硕士，现任交通运输部政策法规司司长。历 任：长江轮船总公司团委副书记（主持工作）、干部处副处长、宜昌造船厂党委书记，长航集团干部处处长、组织部部长、集团党委副书记，上海长江轮船公司党委书记、总经理（正局级），交通部海事局党委书记兼副局长，大连市人民政府副市长。

柯林春（左一）

交通运输部新闻办公室常务副主任

交通运输部政策法规司副司长

新闻发布会现场

记者提问

▲ 新闻发布会现场

▶ 记者提问

▲ 新闻发布会现场

2009年度
交通运输部新闻发布会实录

交通运输部新闻办公室

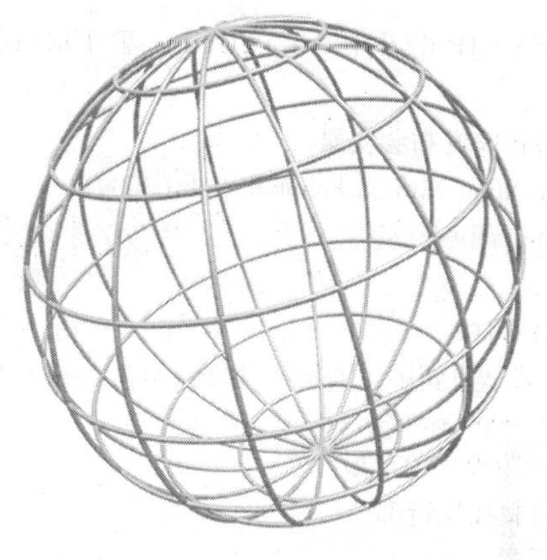

人民交通出版社

内容提要

2009年，交通运输部围绕党中央、国务院重大方针、政策在交通运输行业的落实情况，围绕部重大工作部署和重要活动，围绕公众和媒体关注的交通运输热点、焦点问题，组织举办了12场新闻发布会，为媒体记者了解、报道交通运输事业的进展情况提供了良好的信息服务，得到了国务院新闻办公室的充分肯定，同时也得到了媒体和公众的好评。

本书即为交通运输部新闻办公室2009年新闻发布会资料的汇编出版，旨在方便全社会加强对交通运输新闻发布工作情况的了解，并指导全行业进一步做好新闻发布工作。

图书在版编目（CIP）数据

交通运输部新闻发布会实录（2009年度）/ 交通运输部新闻办公室编. —北京：人民交通出版社，2010.10

ISBN 978-7-114-08461-4

Ⅰ.①交… Ⅱ.①交… Ⅲ.①交通运输业－新闻公报－中国 Ⅳ.①F512

中国版本图书馆CIP数据核字（2010）第198814号

书　　名：交通运输部新闻发布会实录（2009年度）
Jiaotong Yunshubu Xinwen Fabuhui Shilu(2009′)

著 作 者：交通运输部新闻办公室

责任编辑：师　云

出版发行：人民交通出版社

地　　址：（100011）北京市朝阳区安定门外外馆斜街3号

网　　址：http://www.ccpress.com.cn

销售电话：（010）59757969、59757973

总 经 销：人民交通出版社发行部

经　　销：各地新华书店

印　　刷：北京市密东印刷有限公司

开　　本：787×960　1/16

印　　张：11

彩　　插：2

字　　数：157千

版　　次：2010年10月　第1版

印　　次：2010年10月　第1次印刷

书　　号：ISBN 978-7-114-08461-4

印　　数：0001～1000册

定　　价：28.00元

出版说明

2009 年，交通运输部新闻办公室（交通运输部新闻发言人办公室）在各有关单位大力支持和配合下，共组织举办了 12 场新闻发布会，其中 6 场例行新闻发布会和 6 场专题新闻发布会，有力地展示了交通运输工作的重点、亮点，正确地引导了社会舆论。

按照国务院办公厅《关于进一步改进和加强政府新闻发布制度建设意见的通知》（国办发[2006]19 号）和国务院新闻办的统一要求，部于 2007 年制定了《交通部新闻发言人工作制度（试行）》（厅体法字[2007]248 号），明确了新闻发布会的时间、新闻发布人、内容、形式、程序等，从而，确定了交通部（现交通运输部）定时定点新闻发布制度的建立。

近年来，通过不断探索、积累和完善，我部逐步形成了较为成熟的新闻发布工作机制，参照国务院新闻办公室新闻发布的具体做法和操作程序，确立了每两个月举办一次交通运输部例行新闻发布会；同时结合重大活动的举行、重要会议的召开和交通运输行业突发公共事件等，适时举办专题新闻发布会。我部新闻发布不仅走上规范化、制度化、程序化道路，而且已成为交通运输部政务公开、信息透明、舆论引导的重要平台，为交通运输事业又好又快发展营造了良好的舆论氛围。

2009 年，交通运输部新闻发布工作又迈上了一个新台阶，围绕党中央、国务院重大方针、政策在交通运输行业的落实情况，围绕交通运输部重大工作部署和重要活动，围绕公众和媒体关注的交通运输热点、焦点问题，组织举办了 12 场新闻发布会，为媒体记者了解、报道交通运输事业的进展情况，提供了良好的信息服务，得到了国务院新闻办公室的充分肯定，同时，也得到了媒体和公众的好评，取得了良好的社会效果。

在做好部新闻发布工作的同时，交通运输部新闻办公室通过文件、调研等多种方式，了解行业新闻发言人制度的落实情况，督促交通运输行业副局级以上单位建立新闻发言人制度，健全新闻发布工作机制。

为便于大家了解交通运输部新闻办公室2009年新闻发布会的详细情况，指导全行业进一步做好新闻发布工作，现将部分发布会资料汇编出版。

这是我部首次汇编《交通运输部新闻发布会实录（2009年度）》一书，由于汇编水平所限，难免会有差误不妥之处，诚望大家多提宝贵意见和建议。谢谢。

交通运输部新闻办公室

2010年3月

目录

Mulu

发布时间：2009 年 1 月 6 日上午 10 时

发 布 人：何建中　交通运输部新闻发言人、新闻办主任、政策法规司司长

发布地点：交通运输部 5 层会议室

2009 年春运交通运输保障工作及成品油价格和税费改革工作情况新闻发布会

发布辞

交通运输部新闻发言人、新闻办主任、政策法规司司长　**何建中**

2009 年 1 月 6 日

女士们、先生们、各位朋友们：

大家上午好！

今天是 1 月 6 日，今天发布会的主题是 2009 年春运交通运输保障工作的有关情况。大家知道，今年春运从 1 月 11 日开始，到 2 月 19 日结束。今年春运我们预测道路的客运量将达到 20.7 亿人次，与去年同期相比，增长 3%。水路运输的客运量，将达到 3100 万人次，与去年同期比，增长 8%。根据这样一个预测，下面，我想从三个方面就交通运输部对 2009 年春运的交通运输保障工作，向大家作一个简单的介绍。

一、对今年春运客流形势的分析

据我们预测和分析，今年春运客流形势将有三个方面的明显特点。

一是外出务工人员将提前返乡。因此，在春运前将出现小客流高峰，这个情况大家已经了解到，很多媒体也做了实地采访。实际上从元旦休假到 11 日这个小的客流高峰已经形成，特别是外出务工人员已提前返乡，这是今

年春运客流的一个特点。

二是元旦和春节相隔比较近，大家知道，今年的春节比去年早 10 天，因此，节前的客流相对比较集中，也就是说春节前民工流、学生流、探亲流相对比较集中。而节后相对比较分散，我们预测节后外出务工人员会提前离开家乡去找工作，或者回到原来的工作岗位。而学生将会在春运的后期返校，所以，节后的客流将会比较分散。这是第二个特点。

三是节后春运外出务工人员的流向存在着不确定性。我们预测务工人员会提前离开家乡，但是流向有不确定性。他们中一部分会回到原来工作的地方，一部分也会留在当地找工作。另外，还有一种情况可能会出现，即随着国家拉动内需的启动，特别是随着大建设和新的建设区域的形成，一些外出务工人员会到新的地方去找工作。所以节后外出务工人员的流向有不确定性，当然，流向相对还是会集中在比较发达的区域，比如说长三角、珠三角地区。他们也会到新的建设区域去寻找新的工种。

二、今年春运的组织准备工作

为做好今年的春运工作，交通运输部在去年的 12 月 17 日专题召开了道路运输春运工作座谈会。12 月 24 日交通运输部发出通知，对全国交通运输部门为组织好这次春运进行了总体部署，尤其对今年春运工作的安全监管、运输组织、运力配置、市场维护，以及提供优质服务等，都进行了具体的安排并提出了要求。

三、今年春运的特点

针对今年春运的特点，按照今年春运“安全、优质、平稳、有序、客货兼顾”的总体思路和工作要求，交通运输部强调全国的交通运输管理部门要重点抓好三个方面的工作，即“抓安全、保畅通、送温暖”。

（一）五项措施抓安全

一是严禁无从业资格的人员参与营运车船的驾驶，或者说严禁无从业资格的人员来驾驶春运期间营运的车船；严禁安全无保障的车船参与春运，这是落实安全责任的一个方面的情况。同时，要强化对从业人员进行上岗前的培训和教育，特别是对从事长途客运的营运车，交通运输主管部门，要强制性地配备双班的驾驶员，增配驾驶员，避免疲劳驾驶，要保证长途客车驾驶员中途休息时间，确保行车安全。

二是加强安全的源头管理。源头管理，具体来讲就是做好站场的安全检查，切实做到“三不进站，五不出站”，也就是我们一贯强调的危险品、无关人员、无关车辆不让进站。另外，对于出站的车船，特别是车辆，一定要经过安全检查，一定不是超载车辆，一定与从业人员的资格符合，同时，也要签署出站的清单，这是一个原则。另外，客运站场都配备了危险品检查设施和设备。对旅客出行随身携带的物品要进行危险品检查。这是从源头抓安全的重要措施。

三是实施营运车船的动态监控。特别是各地交通部门要发挥信息系统，尤其是 GPS 系统的监控功能，密切关注营运车船的形势动态，及时发现有没有超载、超速、疲劳驾驶等方面情况，同时，及时给予信息方面的服务，这将有利于车船在营运状态中的安全监督。

四是加强执法和救助人员的配置。春运期间，包括公路客运的执法管理人员在内，除常规监控外，还将对重点区域加强配置，从而使整个春运运输保障执法力量、救助力量得到有效的配置和监管。

五是加强春运期间的安全检查。年前，交通运输部李盛霖部长和徐祖远副部长已分别到海南和广东两省进行了春运准备工作的检查。1 月 11 日以后，交通运输部还将组织以部级领导带队的工作组分赴各地开展春运安全检查。

（二）五项措施保畅通

一是落实应急预案，做好应急准备。特别是我们吸取去年南方大范围的冰冻灾害给道路交通运输带来严重影响的教训。今年我们在 11 月份就已经发出通知，要求各地交通运输主管部门做好防范冰冻雨雪灾害影响公路、水路交通运输的应急预案。

二是加强省际之间、相关部门之间的协调，特别是道路运输管理部门和公安交警道路管理部门之间的协调。这样能够保障道路的畅通，发现意外情况以后，能够及时地进行救助和疏导。

三是加强道路的巡查、监测和监控,确保道路通畅。我部的公路网管理与应急处置中心会商室已经投入使用,它可实现随时对全国各省公路干线网的营运情况进行监控。同时与中央气象局就公路的出行信息及时发布出行的天气情况。另外,交通运输部要求各地交通运输主管部门加强对危(病)桥和危险路段的勘察和监管,一旦发现公路阻断,要在第一时间抢通。同时,要根据交通流量的需求,增开一些收费通道,保障及时通畅。

四是加强除雪防滑工作。

五是落实应急运力和应急通道。今年春运期间已经安排应急车辆9500辆,同时,对于那些非营运企业的一些客车,也动员他们随时待命,做好准备。

(三)两个方面送温暖

要创造一个购票方便、候车舒适、乘车安全的服务环境,特别是道路、水路、客运站场,都应该提供这样的环境,构建一个和谐有序、文明祥和的春运氛围。在优质服务中,还要做好以下两个方面的工作。

一是对农民工运输工作要有四项措施的保障。第一是坚持与其他运输部门开展平安返乡合作;第二是到厂房企业、建设工地、农民工集中的地方进行客流信息的调查,在了解情况的基础上,开展团体售票和上门售票服务;第三是在售票网络上,增设农民工团体订票的服务界面;第四个就是针对农民工出行的需求,交通运输部门要研究政策,给予票价优惠,提供优质价廉的服务。

二是加强市场监管。各级交通运输主管部门要严厉打击黑车,同时,对甩客、宰客行为,要进行严肃处置和打击。防止乱涨价,创造一个规范有序的运输市场。

总之今年的春运,我们重点是"抓安全,保畅通,送温暖",真正做到安全、优质、平稳、有序、客货兼顾,使广大旅客在春运期间能够平安舒适的返乡。另外,我们也一定能够提供便捷、优质的服务,我们要在广大旅客"走得了"的前提下,更要在"走得好"上做好文章。下面我愿意回答大家所关心的一些问题。

答记者问

[成都商报记者] 我是《成都商报》的记者,我想向您请教一个问题。快过节了,我想请您介绍一下,一些在海外的中国商船,目前向交通运输部申请护航的情况,谢谢。

[何建中] 大家都比较关注防抗索马里海盗的事情。1月6日,按正常情况,中国的海军将抵达亚丁湾索马里海域执行护航任务。据了解,从6日到10日,已有15艘中国商船通过相应渠道提出了护航申请。我们将按照有关规定,及时做好协调和配合工作,特别是主动做好信息传递的服务工作,使我国航行在亚丁湾——索马里海域的商船能够及时得到防抗海盗的信息和护航方面的服务。谢谢!

[财经杂志记者] 我是《财经杂志》的记者,我有一个问题,就是在取消养路费等费用过程中的人员安置情况。谢谢!

[何建中] 成品油税费改革,1月1日开始实施,交通运输部为了落实好国务院确定的方案,在去年12月22日专题召开了交通运输系统成品油税费改革的座谈会,认真落实国务院确定的方案。涉及到刚才记者问的这次改革人员安置问题,我们将按国务院确定的方案,在地方政府的统一领导下,依据三个方面的原则渠道做好安置工作:一是交通运输行业内部转岗安置;二是税务部门接受;三是地方政府统筹协调,多渠道做好安置工作。交通运输部将按照这个总原则,认真做好协调服务工作,保障人员的妥善安置,确保改革方案的顺利实施。谢谢!

[和讯网编辑] 您好,我来自和讯网,我想问两个问题。一个向起点,从1月份开始取消养路费,那么,过去每年养路费应征的税额有多少?2008年实征的税额有多少?现在,实施了取消养路费的政案,对于交通运输部来说,这部分的收益减少了,以后拿哪个部分的收入来维持这个收入呢?还有一个问题,燃油税开征以后,您认为油价的调整幅度怎样变化,今后国内油价调整频率会不会加快?谢谢!

[何建中] 我先回答你第二个问题。你第二个问题不是我所回答的,

因为成品油价税的改革，特别是价格的形成机制，是国家发改委牵头，因此，我建议你可在发改委的新闻发布会上去问。

至于你提的第一个问题，我们知道在成品油价格改革中，方案的制订已经考虑到养路费的取消，通过成品油价税改革所增加的消费税里面来进行返还。那么，这一部分返还，中央确定了四个不变的原则：资金的属性不变，资金的使用不变，预算的程序不变，包括后续资金的功能不变。有了这四个不变，我想，即使取消了养路费，但依靠专项资金，同样可以做好的公路建设和养路维护资金需求工作。

另外，可以通过转移支付资金，来进一步研究发展的新平台。大家也知道，公路建设既靠国家投资，也靠地方投资，还要靠社会融资，同时，也可以利用外资，从而，实现多渠道满足公路的建设与发展需求。

[中远航务记者] 您好，我是来自《中远航务》杂志的记者，我想问一下，这次税费改革，对航运企业和水运企业有什么影响？影响大不大？

[何建中] 成品油价税的改革，应该说对水运企业还是有影响的，据我们预测，特别是在我国沿海运输以及船舶施行成品油价税改革以后，要与过去征收航养费的费用相比较，还是相应地有一定的成本增长。针对这一问题我们也正在与国务院有关部门研究，反映这方面意见，争取一些这方面的政策。

但是我觉得，因为水运市场相对来讲也是一个开放的市场，大家也知道从去年 8 月份以来，水运市场进入了一个低谷时期。目前，交通运输部门也在就支持和扶植水运市场的发展，特别是水运企业渡过当前的难关，采取了 7 个方面的具体措施，其中也包括将这些方面的情况向国家有关部门积极反映，谢谢。

[新京报记者] 谢谢何司长，我是《新京报》的记者，我想问您一下关于燃油税改革的问题，第一个就是关于人员的安置，及其相关的统计数字；第二个是撤销收费站问题，我们也在说可能会逐步的取消，那么，一年之后，或者两年之后，会撤销多少？是从东部开始撤销，还是从全国的各个省份进行撤销？

[何建中] 这个问题刚才我已经回答了，没有新的东西要告诉你，

谢谢。

[**新华社记者**] 您好，我是新华社的记者，刚才我听到你讲到，针对农民工的出行，也有一些优惠，我想问一下，这个优惠政策会覆盖多大的范围，有多大的幅度？

[**何建中**] 大家知道，道路运输的价格是实行政府指导价，交通运输部只是对各地的交通运输管理部门提出了这方面的要求，希望大家能够就今年春运期间农民工的出行给予认真的研究，针对实际情况，采取一些票价优惠的政策。既提供上门售票、团体售票的服务，同时，也针对实际情况给予一定的优惠，具体由各地交通运输主管部门报当地人民政府批准后，落实和实施，谢谢。

[**每日经济新闻记者**] 谢谢您给我这个机会，我是《每日经济新闻》的记者，我有两个问题，国家取消公路养路费的时候，特别强调了一点，即出租车驾驶员的份子钱中包括养路费的部分一定要核减。我想问一下，交通运输主管部门有没有具体的措施监管出租车这部分费用的核减力度？另外，今年春运的票价会不会因为油价的调整也出现相应的调整？

[**何建中**] 为了落实好成品油价格和税费改革，我们要求及时向出租车驾驶员返还已收的养路费，这是我们作为实施这项改革方案所提出的6个方面政策中的一项内容。目前，据我们掌握的情况，各级地方政府管理出租车的部门并非一致，有的是在交通运输部门，有的还在建设部门，但在去年年底，国务院已经同意交通运输部、建设部和中央编制委员会办公室联合发了一个文件，要求各地不管是哪个部门主管出租车，都要按照交通运输部对于当前出租车管理的一些具体规定和要求，落实好相关的措施。那么，我想按照这个要求，有关取消养路费征收这一政策的落实，自然也包括退还对出租车承包费当中养路费这一政策的落实。所以，交通运输部门应该像其他几项政策落实一样，也抓好这一项工作的落实。你提到的后一个问题，目前，各地还没有出现这方面新的政策。

[**北京交通台记者**] 谢谢您，我是北京交通台的记者，刚才你在回答记者提问的时候，提到沿海实现了燃油税的改革后，水运企业将受到影响，我想问一下，公路方面是不是也有相应的成本增加？如果有的话，它的成本有

多少？谢谢。

［何建中］ 公路这一块肯定是有一些影响的，特别是对道路客运企业，过去各地在养路费的征收当中，对客运企业给予了一定的减免政策，在实施燃油税改革后，作为公路来讲，取消养路费，在这样一个总的政策前提下，来征收成品油的消费税，较之过去的成本相对会有一些影响。应该说，我们也正和地方政府一起研究，怎么来做好针对这一成本因素的变化，对客运企业提出一些支持性的政策。

应该说，这次在成品油价格和税费改革中，对农村客运还是有补贴的，对于出租车也是有相应的补贴政策。因此，我觉得道路客运企业受到的影响相对于水运企业，特别是海运企业（包括一些国际航线的企业），影响的程度可能会小一些。

［南华早报记者］ 您好，我是《南华早报》的记者，我想问一下，一些已经申请护航的中国商船里面是否包括港澳台的商船，他们提出护航申请是否能得到批准？香港、台湾提出了多少申请？其中有多少个得到了批准？谢谢。

［何建中］ 目前15艘申请护航的船舶当中，是有香港地区的。所有的申请都能得到与申请内容相关的救助。目前，已有一个关于护航申请程序出台。今天的新闻发布会到此结束，谢谢大家。

附：

出席新闻发布会的新闻机构共有30家，其中，中国内地新闻机构有新华社、人民日报、中央人民广播电台、中央国际广播电台、光明日报、经济日报、中央电视台、财经杂志、中国日报、中新社、经济观察报、每日经济新闻、北京交通台、新京报、成都商报、和讯网、中远航务杂志、中国交通报、中国水运报等26家；港澳地区新闻机构有香港文汇报、大公报、南华早报、凤凰卫视等4家。

发布时间：2009年2月6日上午10时

发 布 人：刘功臣　中国海上搜救中心常务副主任、交通运输部海事局常务副局长

宋家慧　中国海上搜救中心副主任、交通运输部救捞局局长

翟久刚　中国海上搜救中心副主任、交通运输部海事局副局长

主 持 人：何建中　交通运输部新闻发言人、新闻办主任、政策法规司司长

发布地点：交通运输部新闻发布厅

2008年海上搜救工作情况及2009年海上搜救应急重点工作新闻发布会

发布辞

中国海上搜救中心常务副主任　**刘功臣**

2009年2月6日

各位记者朋友们：

上午好！很高兴与大家见面，并就2008年全国海上搜救工作情况和2009年全国海上搜救的几项重点工作，向大家作简要介绍。

一、2008年全国海上搜救工作基本情况

2008年，全国各级海（水）上搜救机构共组织、协调搜救行动1784次，参与搜救应急处置的船艇6320艘次、飞机199架次；救助脱险人员19565人，救助成功率达96.5%。平均每天救助53.6人。全年减排船舶残油、污油水超过30万吨，共组织防污染应急处置行动69次。

（一）搜救应急基础得到进一步夯实，完善应急预案。在认真总结2008

年抗击低温雨雪冰冻灾害和汶川特大地震灾害经验教训的基础上,对《国家海上搜救应急预案》进行了修订,重新明确了各部门在海上搜救方面的职责,增加了防抗海上巨灾的内容。

完善体制机制。目前,我国沿海11个省、自治区、直辖市和沿边黑龙江省建立了由当地省级人民政府领导的海(水)上搜救中心,长江干线建立了长江干线水上搜救协调中心。覆盖中央管辖水域的海(水)上搜救体系基本建成。

在"国家海上搜救部际联席会议制度"框架下,完善了与公安、海关、民政、气象、通信等部门的搜救协作机制;与农业部建立了搜救合作机制;与外交部、海洋局、共青团中央和军队就建立搜救协作机制进行了协商。推动省级搜救中心建立成员间的协作机制。具有中国特色的"专群结合、军地结合"的搜救力量格局得到加强。

(二)搜救装备能力得到进一步加强。目前,我国海事系统设立了20个直属海事局和112个分支机构及358个派出机构,拥有各类海事执法、溢油应急处理和航标船艇1000余艘。救捞系统在沿海设有3个专业救助局、3个专业打捞局和4个救助飞行队,下设21个救助基地、77个动态待命点和7个救助飞行基地,布置了62艘专业救助船舶和12架救助飞机担负救助值班任务。基本形成了覆盖重点海域的海陆空立体救助体系。长江干线实行海事巡航救助一体化,设置了126个应急救助站点,平均21.6公里设置1个搜救单元。

VTS、AIS和CCTV等水上安全监管手段和手机定位技术、海上漂移模型、海上搜救辅助决策系统等科技手段的运用,在海上搜救领域发挥了重要的技术支撑作用,大大提高了搜救的指挥决策的科学性。

(三)应急处置能力进一步提高。第一,预防预控科学有效。根据"四季六节"水上安全的特点,在不断总结研究水上险情发生规律的基础上,提前部署年度防抗台风、防汛抗洪、防抗冬季大风、防抗低温雨雪冰冻灾害相关工作,科学安排交通运输系统各有关力量,做到了预防预控工作的科学有效。

第二,防抗台风成效显著。2008年度台风登陆个数多、强度大、影响范围广，首次登陆时间早，后期登陆时间集中。各级海上搜救中心不断完善台风预警预防机制，成功防抗了10个影响我国沿海海域的台风，我们连续5年实现了台风袭击期间我国运输船舶无人员伤亡，切实保障了人民群众生命财产安全。回良玉副总理对海上防抗台风工作做出了“搜救工作抓得很好、很有成效”的重要批示，给予了充分肯定。

第三，抗震保通成绩突出。海事系统调动船艇8800艘次，抢救、运送受伤人员和群众97600人次，运送救灾物资600多吨；救捞系统派出4架海上专业救助直升机前往“5·12”四川汶川地震灾区执行抗震救灾任务，共执行飞行任务55架次，救助人员225人次，运送救灾物资13.9吨。出色地完成了党中央、国务院交给的抗震救灾任务。

第四，有效处置了各类水上险情灾害。在各部门的大力支持下，成功处置了“浙江3·27船碰在建桥梁事故”、“西沙海域大量中外渔民被困事件”、“大连海域11·20大规模渔船渔民被困险情”、“青岛浒苔自然灾害”、“振华4号亚丁湾遭遇海盗袭击”等重、特大海（水）上突发事件。

第五，演习形式不断创新。我们开展了多样化的海（水）上搜救演习和演练。先后成功举办了“2008年中国（山东）海上搜救及中韩海上溢油应急联合演习”、“2008年柳州水上突发险情应急反应演习”、“2008年厦金航线海上搜救演习”、“交通运输部农业部2008年救援大规模受困渔船渔民桌面演习”。还与国外搜救机构合作举行了中日、中韩海上搜救联合通信演习。

第六，参与打击海盗和护航行动。交通运输部积极配合海军舰艇编队赴亚丁湾索马里海域执行护航任务，成立了专项工作领导小组和7个工作组。中国海上搜救中心总值班室作为部护航行动总值守联络组，承担护航行动总值守和信息传递工作，加强了与亚丁湾周边国家的搜救机构和国际海事局的联系，做到了凡涉及中国籍船舶或船员遭海盗袭击事件的信息及时相互通报。交通运输部研制并为相关部门安装了“船舶卫星跟踪系统”，随时跟踪进入亚丁湾水域的中国船舶（包括中国香港、台湾船舶）的动态；与军方共同研究制定了护航行动联络机制，编制护航编队方案，有力地配合了军队实施护航行动。与国际海事组织、有关国家及相关部门有效协调，成功地阻止了海盗在索马里海域对中交集团所属的“振华4号”轮的袭击事件。

以上讲的是2008年的工作。

二、2009年海上搜救七项重点工作

一是完善海(水)上搜救协调机制。充分发挥部际联席会议制度的作用,进一步完善工作和协调机制,深化成员单位间的合作,确定搜救工作的发展思路和工作重点,切实履行好海(水)上搜救职责。

推动省级搜救中心加强与地方各部门、当地驻军等的沟通与协作,参照全国海上搜救部际联席会议制度,建立搜救中心成员间的协作机制。

二是完善应急预案体系。《国家海上搜救预案》修订稿报经国务院批准后,推动各省级搜救中心对省级搜救预案进行修改和完善。加快制定支持各级海(水)上搜救应急预案的分预案和操作性程序、工作制度,增强预案的科学性、针对性和可操作性,出台《企业应急预案指南》,推动水运企业建立应急预案。

三是加强搜救力量建设。加强搜救指挥体系建设,加快海事搜救辅助决策系统工程的试点和推广工作,保证搜救接警、应急指挥和响应通信信息畅通。加快海事和救助力量建设,专业救助装备建设,推进实施《国家水上交通安全和救助系统布局规划》,提高恶劣气象条件下的搜救能力。进一步加强溢油应急能力建设,加大应急设备库的建设和应急物资的储备;按照"专群结合、军地结合"的模式,做好社会力量参与海(水)上搜救的相关工作;推动加强非水网地区的搜救能力建设。

四是加强科技创新。加大海事搜救指挥辅助决策系统的信息化和科技化含量。在海事搜救指挥辅助决策系统中实现海事监管信息系统、专业救助力量部署、社会力量资源数据库和气象、海洋信息查询系统的有机集成;发挥对灾害性天气预测、预警,险情接警和报送,应急响应,处置评估的效用和效率。

加快科技创新在海(水)上搜救工作中的应用。总结无线电定位等技术手段在搜救中运用的成功经验,积极加强卫星遥感遥测、海(水)上地理信息系统、海(水)上漂移模型(人、船、油污)等新技术的研究和应用。

五是加强法律政策保障。加快推进《中华人民共和国海上搜救条例》和

修订《海上交通安全法》立法进程。各省搜救中心应加快海(水)上搜救专项立法,为海(水)上搜救工作提供法律保障。

六是加强演练和培训。一方面,我部今年将组织三个不同规模的专项演习。另一方面,要加强搜救培训工作,提高搜救指挥人员和一线救助人员的搜救理论和实战水平。提高社会力量和广大人民群众搜救知识的普及教育。

七是加强国际、地区搜救合作。积极履行国际义务,继续开展国际间海(水)上搜救技术、人员培训等方面的交流与合作,推动与周边国家签订搜救合作协议;跟踪国际海(水)上搜救和船舶防污染应急处置领域的最新发展动态,积极参与国家海(水)上搜救和船舶污染应急处置相关的国际活动和会议,学习、借鉴国外的先进经验,促进我国海(水)上搜救工作水平的提高。

谢谢大家!

答记者问

[**中国交通报记者**]　您好，我是《中国交通报》的记者，我想问一下翟久刚副主任有关索马里海域护航的情况。现在已护航了多少批次？还有就是护航行动，大概要执行到什么时候？交通运输部在其中做了什么工作？谢谢。

[**翟久刚**]　首先感谢大家对护航行动的关心。整个护航行动我海军编队是12月26日从三亚出发的，于1月6日我海军编队实施了第一次护航，到目前为止，已经护航了15批次，其中，西行的6批次，东行的是9批次。共对33艘船舶实施了护航，其中，大陆的船舶有17艘，香港的船舶有15艘，台湾的船舶有1艘。在这33艘伴随护航的船舶以外，还为另外的13艘船舶提供了区域护航。从2月1日开始实施定期伴随护航，编队第一次从东口A点西行，2月4日从西口B点东行，然后在2月7日再往东行，这样按部就班进行护航。

为了防止申请护航船舶在等待护航时遭到不必要的麻烦，海军舰艇编队出发5小时之前，军舰就在相应的A点或者B点等待，这样，可以保证定期伴随护航船舶的绝对安全。在护航行动中，我部配合军队开展的工作主要有：

一是向国际海事局和相关国家提供收集到的我国船舶遭遇海盗袭击的情况；二是从不同途径获取亚丁湾水域的中国籍、中国香港籍船舶动态，然后将信息汇总通报军方，将收集到的中国籍、中国香港籍船舶的保安报警信息及时通报军方；三是将军方通报的我亚丁湾海域的军舰动态通知需要护航的船公司和船舶。

到现在为止，根据统计分析表明，航速15节以上的船舶，干弦大于6米的船舶，自我防范能力比较强，海盗难以对其造成威胁。

在护航行动中，大家从不同渠道了解到护航行动取得了一些成就，处置了多起突发事件，包括昨天新闻联播播出的我护航编队对青岛远洋船员学院一位受伤人员提供的医疗救助。

1月29日希腊商船被海盗追逐,我护航编队成功击退了海盗。2月1日凌晨,有两艘船,一艘是青岛“莲花海”轮,还有一艘广州的“乐民”轮,遭海盗袭击,我海军及时赶到,成功击退了海盗。应该说,我们整个护航行动取得了突出的成效。谢谢。

[**经济日报记者**] 您好,我是《经济日报》的记者,我想请问一下刘功臣局长,由于受国际金融危机的影响,全国港口吞吐量增幅在下滑,其次,就是航运的价格也在下降,港航企业应该怎么样走出这个困难?金融危机对水上的安全有什么样的影响?有什么新情况?我海事部门在加强水上监管和服务行业企业方面,还会出台什么新的举措?谢谢。

[**刘功臣**] 谢谢。大家知道,由于美国次贷危机逐步引发的国际金融危机已经影响到我们的实体经济,具体讲我国港口的吞吐量增幅是在连续下滑,海运价格也在大幅下跌,标志着海运晴雨表的波罗的海运价指数,最高点是去年的5月25日,到去年的11月份,最低点跌破了700点。现在大概在1000点左右。1000点以下属于企业亏损,金融危机对我国水运业有很大冲击,主要表现在以下几个方面:

首先是在锚地的船舶增多,现在,在沿海靠泊的锚地不够用,有的船舶在锚地等了好几天没有货,这对我们航运企业的生产有了很大影响。

第二就是船舶的整体状况削弱。大家知道,部分企业在经济效益下滑的时候,就要减少开支,减少成本,压缩安全方面的投入,这就可能出现该修的船不修的情况。

第三就是加强了停运船舶的措施。由于大量航运运价低,货源不足,很多船舶处于停运状态,还有一部分国际航运船舶回到国内也可能停运几个月,在这种情况下,我们专门开辟了多处临时锚地。一旦有大风袭击,这些船舶应对台风的能力大大提高了,从而,使停运船舶有了安全保障。

此外,为应对金融危机,根据中央的要求,我们出台了9项具体措施,开展了专项整治行动,加大了工作力度,提高了工作效率,提供了优质服务,通过这些措施来进行弥补。

[**中央电视台记者**] 我有两个问题,一是想问宋家慧局长,我们知道在汶川地震中,我们的专业救助力量也参与了搜救行动,请介绍一下你们在路

上救援的情况;还有一个问题是取消政府还贷的二级公路,具体什么时候实施? 谢谢。

[宋家慧] 关于你提的第一个问题,去年"5·12"汶川地震发生以后,当时是对交通运输部严峻的考验,我们感觉到通过这几年的发展,我们的专业救助队伍已经有所进步。但是,面对汶川地震这样的救援任务,我们感觉到是非常严峻的考验。在这种大灾大难面前,作为国家这样一支队伍来讲,应该有所作为。在部党组的领导下,我们及时派出了4架直升机的救援队伍,于5月15日赶到了汶川,参与了汶川地震的大救援。由于我们直升机和救助装备的专业性,因此,在这次救援中发挥了很好的作用。

大家也看到了一些媒体的采访,对我们飞机救援情况的采访。对此,国家民航局长也有很高的评价,应该说交通运输部的飞行队,执行了一般飞机执行不了的任务,进行了复杂的救助,取得了很好的效果。

几年来,在社会各界的关心下,在党中央国务院的高度重视下,我国救助飞行队的发展还是比较迅速的。到目前为止,我们已拥有了12架救助直升机,理论上我们应该有16架飞机,因为,我们又有4架飞机进行了购买签约。应该说,救助飞行队的组建,对于海上的救援发挥了不可替代的作用。特别从2007年以来,我们在原来的海上救助基础上,又进一步扩大了救助直升机的应用领域。按照中央新的要求,我们现在开始建立了"陆岛救援网",所谓"陆岛救援网",就是在中国沿海建立了7个飞行基地、38个飞机起降点,形成了覆盖主要救助飞行区域的陆岛空中救援网络。陆岛救援网用飞机使陆地和海岛建立了桥梁,在解决岛上的人命救助和相关紧急情况方面,其作用还是非常显著的。

目前,按照统一规划,交通运输部进一步加快了救助飞行队的发展,我们在去年10月份签订了4架中型美国飞机的合同,目前,还有两架大型直升机已经开始招标。也就是说,在两年之内,交通运输部将会拥有16到18架救助飞机,虽然,从目前看数量还是有限,但是,按照"轻重缓急,和救助重大灾害"的原则,我们首先解决重点水域、特殊时段的一些救助任务,我们相信,在部党组的领导下,以及在社会各界的大力支持下,我国救助飞行队会发挥更大的作用。谢谢。

[**何建中**] 第二个问题是成品油价税费改革的内容之一,取消政府还贷的二级公路收费,是国务院公布方案当中的一个内容。其原则是逐步有序,所谓的逐步就是根据各地经济和财力等实际情况有步骤的取消。因为,取消政府还贷二级公路收费,实际涉及到原建二级公路的债务以及收费人员的安置,因此,必须有步骤的逐步进行。所谓有序就是分期分批的,要根据各地人民政府对这一项工作的安排和承受的能力来有步骤的开展。

第二个考虑就是试点。目前,我部会同国家发改委、财政部,以及所在地人民政府形成了一个上报国务院的方案。按照原来国务院方案的既定程序,取消政府还贷二级公路收费,必须经国务院批准。因此,目前正在申请国务院召开专题会议,进行审定。

首批试点申请省份的准备工作,目前正在有序的进行。涉及到方案的文件应该落实的,比如说债务问题、人员安置问题等,都有着比较稳妥的方案和落实的硬件。因此,何时开始行动,必须等待国务院批准以后才能够逐步实施。谢谢。

[**香港文汇报记者**] 谢谢,我是《香港文汇报》的记者,我有问题想请教刘功臣局长,因为以前交通部的海上搜救,有香港飞行队的参与,还有一些国际组织的合作,请问在您谈的今年 7 项重点工作中,有没有与香港合作的内容?谢谢。

[**刘功臣**] 我们与香港飞行队的合作是全方位的,不仅仅在演习中。香港回归以后,在几次重大演习中,香港飞行队都参与其中,他们是一支技术精湛、人员精干的队伍。同时,我们在必要时,也协调香港飞行队参与重大事故的救援,他们表现出了精湛的技术和高超的技艺,在此,我向香港飞行队多年来的支持表示感谢。今年,我们将一如既往与香港飞行队加强联系和沟通,强化全方位的合作。谢谢。

[**中国日报记者**] 我想问一下宋家慧局长有关辽东半岛的救助问题。能不能介绍一下,在去年春运中,陆岛的救援网络发挥了什么样的作用?另外,我想问何建中司长,现在很多人都在谈论,一些二级公路为了继续收费而升为一级公路,怎么能够防止这种情况的发生?谢谢。

[**宋家慧**] 刚才已经说了,目前,我们正在使用的救助直升机的基地,

发挥和利用了当地政府的积极性，在海岛建立了很多飞行点，目前，已经建立了63处，力度比较大的已经建了38个。去年11月17日，我们在大连又举行了辽东半岛的陆岛救援网的启动仪式。启动以后的第三天，也就是11月20日就发生了一起涉及60多渔民的救援，当时我们出动了两架救助直升机，救下了50名渔民。这一次救援行动是我部救助飞行队成立以来的最大规模的救助行动，也是对我们的救援机制进行的一次重大考验。

我们在实施这个机制以后，感到现在的陆岛救援网，确实体现了党中央、国务院倡导的以人为本的理念，加强了人命救助，提升了民生工程的要求，受到了广大海岛人民群众的热烈欢迎。现在，这项工作还在稳步推进，我们相信，通过这样的空中救援的陆岛救援网络的建立，将进一步提高人命救助的能力和水平。我也希望各位新闻记者，在今后的工作当中，关注这项工作的发展。谢谢。

[**何建中**] 第二个问题是有关政府还贷和二级公路取消收费改成一级公路的问题。首先，我们通过一些网络媒体包括其他一些平面媒体，也了解到一些这方面的信息。曾经也有一些平面媒体询问我们是不是有这么回事？通过交通运输部有关司局核实来看，并没有发现将既定取消的政府还贷的二级公路故意改为一级公路的现象。

第二，春节前1月22日，交通运输部正式发出通知，要求各地交通部门严格控制二级公路改一级公路现象。一是对原有公路建设的规划，要进行认真的审核把关；二是对划入政府还贷二级公路收费取消范围的，要进行从严审核。

第三，凡是列入政府还贷二级公路收费取消范围的，一律按照撤销政府还贷二级公路收费站的总体方案的规定，要向社会公示所有取消的站点。

交通运输部门将加大检查和督促的力度。既保障应该取消的政府还贷二级公路收费的改革落到实处，又能够按照规划，保障二级公路改建一级公路和新建一级公路的总体路网规划得到比较好的实施。

今天上午的新闻发布会到此结束，谢谢大家。

附：

出席新闻发布会的新闻机构共有25家，其中，中国内地新闻机构有中央人民广播电台、中央国际广播电台、中央电视台、央视网、经济日报、工人日报、法制晚报、科技日报、中国日报、经济观察报、中国交通报、中国水运报等23家；港澳地区新闻机构有香港文汇报、凤凰卫视等2家。

发布时间:2009 年 4 月 15 日晚上 8 时

发 布 人:柯林春　交通运输部政策法规司副司长、新闻办常务副主任

主 持 人:柯林春　交通运输部政策法规司副司长、新闻办常务副主任

发布地点:陕西　西安

全国农村公路建设情况及农村公路建设规划新闻通气会

情况介绍

交通运输部政策法规司副司长、新闻办常务副主任　**柯林春**

2009 年 4 月 15 日

女士们、先生们:

大家晚上好!欢迎来到著名历史文化名城西安参加交通运输部新闻通气会。明天上午,交通运输部将在这里召开全国农村公路建设现场会。今天的新闻通气会,将重点围绕我国农村公路建设这一主题向大家介绍有关情况。应邀参加新闻通气会的嘉宾有:交通运输部规划司、交通运输部公路局有关负责同志。

一、近年来农村公路建设取得的成就

近年来,我国公路交通发展取得了巨大成就,截至 2008 年年底,全国公路总里程达 368.4 万公里,其中,高速公路达 6.03 万公里,农村公路 321 万公里(村道达 168.9 万公里)。公路交通的快速发展,为我国经济社会发展提供了有力的支撑。农村公路是农村地区重要的交通基础设施,加快农村交通发展,对于方便老百姓出行、改善人民生活、促进社会经济发展,具有极

其重要的作用。交通运输部党组十分重视发展农村交通，坚持把加快农村公路建设作为交通工作的重点来抓，认真贯彻落实党中央、国务院关于解决“三农”问题的一系列重大举措，加强政策引导，加大专项资金投入，制定完善相关制度和法规，有力地推进了我国农村公路的发展，并取得了显著成就。

2003 年，我部提出了“修好农村路，服务城镇化，让农民兄弟走上油路和水泥路”的工作目标，对投资结构进行了重大调整，加大了对农村公路的投入，组织实施了提高农村公路通行条件的通达工程。

2004 年，我部加强了对国家“商品粮基地”（如黑龙江牡丹江地区的八五七农场—承紫河乡路段）、“革命圣地及革命老区”（如陕西延安地区的南泥湾—壶口路段）、“红色旅游”（如江西吉安地区的永新—井冈山路段）等地区的农村公路建设，启动了“农村客运站点”的建设工程。

2005 年，我部按照中央 1 号文件和建设社会主义新农村的要求，贯彻落实了《全国农村公路建设规划》，确定了我国农村公路建设新的建设目标。

2006 年和 2007 年，按照交通运输“三个服务”的要求，我部把服务社会主义新农村作为交通发展的一条重要指导原则，进一步加大了农村公路建设投资力度，扩大了农村公路建设范围，全国农村公路建设步入了快速发展时期。

2008 年，在应对国际金融危机的背景下，国务院出台了扩大内需促进经济平稳增长的 10 项措施，其中，有 3 项措施与交通运输部有关，其中，一项重要措施就是涉及农村基础设施建设中的农村公路建设，在中央安排预算内资金 1000 亿元中，有 100 亿元投向公路，其中，有 50 亿元专门用于安排农村公路建设。据统计，2008 年，新改建农村公路 39.1 万公里，其中，沥青（水泥）路 26.3 万公里。截至 2008 年年底，全国乡镇通沥青（水泥）路率达 88.7%，东、中部地区建制村通沥青（水泥）路率分别达 89.7%、79%，西部地区建制村通公路率达 78.1%；并确定了 14 个地（市、州）“老少边穷”地区农村公路建设示范工程。在加快农村公路建设的同时，我部还注重加强质量监督与管理，不断提高农村公路建设质量；注重加强农村公路建设管理，着力推进农村公路管理养护体制改革，做到建、管、养、护并举。

农村公路的快速发展,大大改善了农村交通条件,让亿万农民兄弟亲身感受到了党和政府的亲切关怀和改革开放带来的实在成果,为农村经济发展和社会进步创造了基础条件,为加快社会主义新农村建设和构建社会主义和谐社会,发挥了重要作用。主要表现在以下七个方面。

一是直接拉动和促进了国民经济的持续增长。公路建设的投资具有乘数效应,公路交通的投资特别是基础设施建设的投资,必然会带动相关产业的发展,比如对机械、建材,包括物流这些产业都具有很强的拉动效应。

二是推动了产业升级和空间布局优化。公路交通发展形成的快速通道,使人流、物流在空间和时间上拉近,公路建设能够促进形成区域性的规模经济,同时,公路的快速发展,也带动了汽车业及其他相关产业的发展。

三是促进了区域的协调发展。加快农村公路建设有利于打通发达地区和欠发达地区的运输通道,直接拉动欠发达地区与发达地区的融合,促进了投资环境的改善和优化。

四是推动了城镇化的建设。特别是农村公路的建设和发展,有助于增强公路沿线商业化、产业化的交通区位优势;能够促进和加快城镇化进程,提升了城市功能及人口吸纳能力。

五是创造了大量的就业机会。经测算,在公路交通建设每1亿元的投资中,能够直接产生约1800个就业岗位,间接的就业岗位为两千多个。

六是带动了旅游业快速发展。公路交通的快速发展,改善了人们的出行条件和旅游环境。农村公路的建设,改善了农村交通环境和条件,带动和促进了“自驾游”、“农家乐”等农村特色旅游的发展。

七是加快贫困落后地区的脱贫致富。近年来,我国通过实施西部大开发战略,加快了通县公路的建设,实施了“村村通”、“通达工程”、“通畅工程”等重大举措,有效地促进了城乡区域间的交流,带动了贫穷落后地区的经济发展。

二、农村公路建设新的目标任务

党的十七届三中全会提出,“加强农村公路建设,确保‘十一五’期末基本实现乡镇通油(水泥)路,进而普遍实现行政村通油(水泥)路”。今年中央1号文件进一步明确提出，“加快农村公路建设，2010年底基本实现全国乡镇和东中部地区具备条件的建制村通油(水泥)路，西部地区具备条件的建制村通公路”。

贯彻落实中央决策部署，完成新的目标任务，加快农村公路建设，仍是交通运输各项工作中的重中之重，同时，也是当前应对国际金融危机的具体举措。明天召开的全国农村公路建设现场会，就是通过推广介绍陕西、山东、福建、河北、江苏、湖北等6省在农村公路建设方面好的经验和做法，交通运输部党组在今年交通工作会全面部署各项工作的基础上，对加快农村公路建设作出再动员和再部署，进一步推进农村公路各项工作，确保中央要求的贯彻落实和任务目标的实现。

三、今明两年农村公路建设的基本思路及安排

到2010年，全国农村公路工作的基本思路是：深入贯彻落实党的十七届三中全会精神，以科学发展观为指导，以服务社会主义新农村建设为中心，以落实为社会主义新农村建设服务的“八件实事”为主线，以开展“农村公路建设质量年活动”为载体，坚持“突出重点、稳步推进、统筹城乡、协调发展”的原则，扎实推进农村公路各项工作。主要工作安排：

一是围绕发展目标，加快建设步伐。紧紧围绕十七届三中全会和今年中央1号文件提出的农村公路建设发展目标，加快农村公路建设步伐。着重加快乡镇通油(水泥)路和西部地区通达工程建设，加大对“老少边穷”地区农村公路投资和技术支持力度。进一步加强农村公路安保工程、渡改桥工程和渡口改造建设，为农民群众安全出行提供条件。

二是强化监督管理，提高建设质量。进一步完善农村公路质量管理制度和质量保证体系，强化建设质量责任，提高设计质量，加强质量监督和检测，继续抓好“农村公路建设质量年活动”，确保农村公路建设由规模速度型向质量效益型转变。

三是推广好的经验做法，深化养护体制改革。总结推广各地农村公路管理养护工作的好经验、好做法，完善和细化有关行业管理要求，加强管养制度标准和技术规范的制定工作，着力提高农村公路管养水平；继续抓好管

理养护体制改革实施方案的落实,深化和推进农村公路管理养护体制改革。

四是统筹城乡客运协调发展,推进城乡交通一体化进程。贯彻落实十七届三中全会提出的"逐步形成城乡公交资源相互衔接、方便快捷的客运网络"的要求,理顺城乡客运管理体制,统筹规划和管理城乡客运网络,逐步形成农村客运网络和城市公交网络的有效衔接和融合,加快推进城乡交通一体化进程。

今天的新闻通气会到此结束,谢谢大家。

附:

出席新闻发布会的新闻机构共有新华社、人民日报、中央人民广播电台、中央电视台、央视网、光明日报、经济日报、工人日报、法制晚报、科技日报、中国日报、经济观察报、新京报、中国交通报、中国公路杂志社等29家。

发布时间:2009 年 4 月 26 日上午 10 时

发 布 人:徐祖远　交通运输部副部长、“中国航海日”活动组委会副主任

胡平贤　交通运输部水运科学研究院院长、“中国航海日”活动组委会办公室副主任

戴玉林　大连市副市长

主 持 人:宋德星　交通运输部水运局局长、“中国航海日”活动组委会办公室主任

发布地点:国务院新闻办公室新闻发布厅

2009 年“中国航海日”活动新闻发布会

发布辞一

交通运输部副部长　**徐祖远**

2009 年 4 月 26 日

女士们、先生们,新闻界的各位朋友们:

大家上午好! 非常高兴今天我们在这里再一次的见面。时间过得真快,去年我们也是在这里举行了 2008 年航海日活动的新闻发布会,更巧的是,去年也是 4 月 26 号,所不同的是去年 4 月 26 日是星期六,今天是星期天,而且,那天的太阳也是像今天一样非常之好——阳光明媚。

借着这个机会,首先“航海日”组委会对新闻界的朋友们,对参加我们今天“航海日”活动新闻发布会的新闻记者朋友们表示热烈的欢迎,也对各位长期以来对我们航海日活动在宣传方面的支持,以及扩大我们航海事业的发展方面的工作,表示衷心的感谢。“航海日”是我们国家涉海各个行业、各个领域的共同的节日,从 2005 年国务院批准“中国航海日”以来,航海日活

动已经在北京、上海、青岛和上一届的江苏太仓举行了四届。航海日活动的每一次的举办都有新的特色,都办得非常隆重、热烈。航海日活动组委会的各个成员单位,都是积极的组织和努力的协调者,大家共同努力把航海日的整个活动办得有声有色,而且,在各成员单位的共同努力下,已使"中国航海日"在国际上的关注度不断提升。

刚才播放的去年庆祝"中国航海日"大会的视频片段,我们可以看到"航海日"活动得到了国家高层和相关领导的高度重视,也得到了国际海事组织的大力支持,许多外国的使节、国际知名学者、港澳台相关的专家,以及行业内的代表,都主动参与了"中国航海日"活动。通过这一项活动,不但进一步传承和弘扬了航海家郑和的伟大精神,展示了中国改革开放三十年来航海事业上所取得的巨大成就。而且,在海洋、航海,还有海防、文艺等学术性、权威性和知识性方面,都得到了有效的拓展。大家可以看到,我们4月份是一个海洋的宣传月,另外,今年无论是在电视剧或在动画片上还是在其他的文艺方面,特别是现代交响京剧郑和下西洋的演出,都对航海文化产生了很大的社会影响。

进入新世纪以来,环境与安全的问题,越来越受到世人的瞩目,气候变化是国际社会普遍关心的重要课题。2009年,世界海事日的主题是"气候变化",也是对IMO(国际海事组织)的挑战,对我国而言,目前,同样面临着环境保护的巨大的压力,以及全球金融危机不断蔓延带来的巨大的影响,今年,我们还将迎来中华人民共和国60华诞,在这样的背景下,我们确定今年航海日的主题是"庆祝新中国建国60周年·迎接航海新挑战"。

今年航海日庆祝大会将在美丽的海滨城市大连举行,大会的主会场的庆祝活动将亮点纷呈,富有特色。第一,是在取水仪式上,有来自于亚丁湾的海水汇聚大连的主会场,将展示人民海军推进建设和谐海洋、维护世界和平、促进海洋繁荣发展的一个形象,也是为舰艇的编队在亚丁湾为我国商船护航活动加油鼓劲。第二,大连是海军将士的摇篮,也是海员的摇篮,今年海事大学将举行110周年建校的活动,我们大连的舰艇学院将举行60周年的校庆。众多莘莘学子的共同参与,将使航海日的活动增加新的文化气息。第三,今年是大连港建港110周年,这个庆祝活动将展示我国海洋港口发展的巨大成就，展示我国港口和航运界战胜危机、再创辉煌的信心和决心。

女士们、先生们，中国有300多万平方公里的海洋国土，随着我国滨海旅游业、渔业、海运业等传统产业，以及海洋电力业、海水综合利用业等新兴海洋产业快速发展，海洋经济在国民经济和社会发展中的地位日趋突出。"航海日"作为我国海洋领域由政府主导，社会和群众参与的全国性的法定活动日，在提升我国国民航海意识、海洋意识、海防意识，打造我国海洋战略软实力方面，具有十分重要的作用。我们也真切的希望新闻界的朋友们，通过宣传报道活动，来使我们的民众充分认识到海洋与航海在我国国民经济、社会发展和国防建设中的重要作用；也恳切希望大家一如既往的支持我国的航海日活动，为实现我国海洋强国的梦想而共同努力。谢谢大家。

发布辞二

交通运输部水运科学研究院院长　**胡平贤**

2009 年 4 月 26 日

尊敬的徐祖远副部长，尊敬的戴玉林副市长，各位领导，新闻界的各位朋友们：

大家上午好！2009 年的航海日活动方案经过“航海日”活动组委会承办单位的共同协商已经基本确定，下面我就今年航海日活动的主要议题向各位作一简单的介绍。

首先，我介绍一下 2009 年航海日活动的宣传口号。刚才徐祖远副部长在讲话中对今年航海日活动的主题进行了全面的阐述，根据这一主题，2009 年航海日活动的宣传口号确定为 10 个：

（一）庆祝中国航海日，迎接世界海事日。

（二）科学发展统领，促进海洋和谐。

（三）加强国际合作，应对金融风暴。

（四）弘扬郑和精神，传承民族文化。

（五）爱我蓝色海洋，保护海洋环境。

（六）共贺两岸直航，同创民族复兴。

（七）发展船舶工业，振兴海洋经济。

（八）保护渔业资源，促进渔业发展。

（九）保卫蓝色国土，维护海洋权益。

（十）增强海洋意识，普及海事教育。

第二，我简单介绍一下大连主会场的总体框架安排。今年 7 月 11 号航海日活动庆祝大会主会场安排在新海湾畔的大连世界博览广场举行，同时，在星海湾广场设立分会场，主会场活动主要包括举行“和谐之水”的聚水仪式，颁发航海教育贡献奖，向“航海日”组委会捐赠《中国航海史基础文献汇编》第二卷,以及铁道部、大连市政府、中海集团、大连港集团四方签署《东北海铁联运发展框架协议》等。

第三,我介绍一下今年的“郑和与航海国际论坛”。今年的郑和与航海国际论坛将于7月11号下午在大连举行,会期半天,论坛主题确定为“迎接航海新挑战”,与航海日活动主题相呼应。论坛内容包括航运、港口、海洋、造船、渔业等领域,主要围绕我国涉海行业60年来的发展成就,以及国际国内如何应对国际金融危机所带来的各种挑战。国际论坛由中国航海日活动组委会主办,大连市人民政府协办,大连海事大学承办。论坛结束后将出版论坛文集。

最后,我介绍一下今年全国航海日将开展的一系列活动的情况。“航海日”组委会的各成员单位还将在全国各地举办各种专题论坛,如举办中国国际船舶业发展论坛;2009年航海日系列文化论坛;青年引航论坛;举行中国航海博物馆仿明福船开工仪式,和谐海洋全国摄影绘画大展,海峡两岸大中学生航海日夏令营活动,中国海员建设工会向航运港口职工寄发中国航海日的贺卡,以及各种涉海专业演习、展示等活动。今年内容丰富、形式多样的航海日系列活动,将进一步传承和弘扬郑和精神,提升全民的海洋和航海意识,推进和谐海洋的建设,促进我国与各国经贸往来和航海事业的发展。我的介绍就到这里,谢谢大家。

发布辞三

大连市副市长　戴玉林

2009 年 4 月 26 日

尊敬的徐祖远副部长，尊敬的新闻界的朋友们：

大家上午好！非常高兴参加 2009 年中国航海日的新闻发布会，首先请允许我代表大连市人民政府向在座的各位领导和新闻界的朋友们对大连市举办“2009 年中国航海日庆祝活动”给予的支持和关注，表示衷心的感谢。

大连市被选定为 2009 年中国航海日的举办城市，我们感到非常的幸运，我们觉得是航海日组委会和全国航海界对大连市城市建设、港航发展、海洋文化底蕴和大型活动组织能力的认可和信任。我们一定要把这次活动办得更有特色，更上一个层次。大家知道，大连城市是一个半岛城市，位处辽东半岛的最南端，面积分两块，一块是土地，面积约 1.25 万平方公里，但是，我们海洋面积是 3 万平方公里，我们的海岸线达 1900 公里，人口是 600 万人，大连的东边和韩国、日本隔海向望，它的西面主要是渤海湾，这个城市的建市实际上和港航有着密切的关系。

据我们查找的资料，大连是 1899 年建市，当时建市的时候，首先是建一个港，依托一个港建起了有 20 万人口的城市，今天它已发展到 600 万人了，所以说，大连市是依港、依海而发展、壮大起来的城市。同时，大连建市的时间不是很长，这个地方有很多海洋事件，还有跟海洋有关系的一些大事，比如说日俄战争，还有当年北洋水师在这儿建造的船等，它都是近代史上和海洋有关系的一系列重大事件。同时，大连这个地方在海洋方面还有三所非常著名的大学，一所就是海军大连舰艇学院，这是海军将士的摇篮；二是大连海事大学，它在我国、在国际上都有非常好的影响和知名度；同时，还有一所以水产海洋学科为特色的大学，它就是大连水产学院，这所学院拥有众多的关于港航方面的学者、作家、画家和游泳运动员。

多年来,大连市建立了很多场馆来宣传海洋、展示海洋。比如说大连海洋基地馆,去过大连的朋友可能去看过,我希望你们要百看不厌,因为这是亚洲最大的海洋基地馆。同时,大连还有自然博物馆、贝壳博物馆,这个贝壳博物馆我们在星海湾建立了一个新的基地,它的总规模是世界一流的,专门以贝壳为内容的博物馆;还有蛇岛博物馆、海洋主题乐园和海洋文化主题公园等。中国"航海日"活动举办5年来,我市先后成功举办了"大连航海文化活动周"、"全国航海日院校航海技能大赛"、"远海队横渡渤海湾,我们每年由有关院校组成的,划着小船利用自然的风力和自己的体力横渡渤海湾。此外,我市还举办了纪念郑和下西洋600周年的知识竞赛等活动,这些活动在国内外也产生了积极的影响。

刚才,我讲到大连市是一个依港兴市的城市,我们这个城市这么多年的发展,主要是依靠海洋,目前,已从一个小渔村发展成为东北亚重要的港口城市。中国有很多跟海洋有关的船等,都是在大连出航的,比如新中国的第一艘万吨轮,第一艘30万吨级的油轮,第一艘驱逐舰都是在大连建成下水。大连拥有了造船、航运、海防及海洋渔业等门类齐全大型企业,造船和海洋渔业生产规模在全国同行业中都位居前列,应该说,大连为新中国海洋的腾飞,做出了重要的贡献。中央在振兴东北老工业基地战略当中明确提出来,要把大连建设成为东北亚重要的国际航运中心。此后,我们大连市就全力推进国际航运中心建设,从而,使我市的港口核心竞争能力大幅度提升。在过去6年里,我市累计完成了港口投资将近380亿元,先后建成了30万吨级的矿石码头,30万吨级的原油码头,100万台汽车物流码头,还建成了大窑湾集装箱码头等世界一流的码头。

大家知道,大连港海岸线都是由路基岩组成的,可以达-15米,所以说,自然环境十分优越。目前,大连港已经与世界160多个国家和地区300多个港口有着贸易往来,承担着东北地区70%以上的海运和90%以上的外贸集装箱运输。大窑湾也开始封关运作,这为促进东北地区扩大开放创造了新的优势。大连市还是中国重要的工业基地,工业门类和配套能力比较齐全,此外,我市还有较为完备的制造业的技术,工业总产值位居东北各个主要城市的前列。日益形成以高新技术和新兴产业为先导,石油化工、造船、电子信息、装备制造四个基地为滋生的新型的工业体系，据有较强的承载世界制造业转移的能力。大连市是东北对外开放的窗口，拥有国家级的经济开发区域，高新园区、旅游度假区，形成了一个以国家级开放、新区开放一体化发展的对外格局。

大连市现代服务业这几年来发展也非常迅速，已经成为东北地区的金融中心和外汇集散中心，大连商品交易所大豆交易位于亚洲一、二名，近年来，大连市先后主办著名会议，比如前几年举办的夏季达沃斯，今年达沃斯还将到大连举行。大连依山傍海气候宜人，人文景观比较丰富，曾经具有"中国最佳旅游城市"的称号，中国最佳旅游城市有三个，这是国家旅游局评选出来的。值得一提的是大连市的城市管理水平也比较先进，先后获得联合国环境"全球五百家"称号，中国"人居环境奖"，很多城市都有这个称号，但是，联合国环境"全球五百家"称号在我国还是首先由大连获得，我市还是首批"全国十个文明城市之一"的美丽称号。

目前，距2009年中国航海日的庆祝还有78天的时间，大连市政府正在全力准备做好各项工作，下面，我向新闻界的各位朋友，并通过大家向社会各界简单介绍一下大连市筹备2009年中国航海日活动的情况。刚才胡平贤副主任已经就"航海日"活动作了介绍，下面我再详细说一说。大连市政府高度重视"2009年中国航海日庆祝大会"的筹备工作，成立了大连组委会，夏德仁市长亲自任主任，我具体分管组委会的工作。现在基本上确定了"航海日"活动的方案，其中，我们要在7月11号上午举行的庆祝大会上，从延续往届的聚水仪式、特色文艺表演、颁发各种奖项、交接仪式等内容外，我们还要发挥我市东北亚国际航运中心的作用和进行海铁联运等一系列协议的内容。在会场外面，大连市的星海广场要举办专题宣传活动，在星海湾海域还要组织各种船舶和帆船进行表演，同时，还组织直升机表演和海上救助演习，通过上述海陆空各项活动，将展示大连丰富航海文化底蕴和广大市民踊跃参与，7月11日下午我们还将举办以"迎接航海新挑战"为主题的"2009郑和与航海国际论坛"。

除主体活动以外，大连市还将举办大连市建市和大连市建港的纪念活动，大连海事大学百年校庆，中国高等航海教育一百周年庆典等系列活动也都纳入到今年的航海日系列活动中、我市还将在航海日期间,举办形式多种多样的群众性航海主题宣传教育活动,如全国中小学生“我心中的海洋”主题征文大赛、2009 年中国大连国际工作传统航海展览、2009 年中国大连国际游艇展览会、国际水产品技术设备展览会以及相关的经济论坛等活动,以进一步丰富“航海日”活动的内涵,扩大“航海日”活动的影响力。为了使 2009 年中国“航海日”活动在大连留下硬件和软件两个成果,我市还要建一个大型的雕塑,以纪念“2009 年中国航海日”在大连的举行。不能活动结束了,人都走了,事就过去了,大家没看到什么东西。我们这次就是要建这么一个雕塑,这个雕塑的构思基本模型已经出来了,下一周就定稿了,这个雕塑的大概构思是由 60 个集装箱组成的一个浪花波浪,底盘是 7 米宽、11 米长,寓意“7 · 11 航海日”,为什么用 60 个集装箱呢?它寓意着今年是新中国成立 60 周年大庆。

与此同时,我们还请了一些作曲家、作词家创作歌曲,而且,还要出版书,包括海洋航海领域的知识科普书,举办航海的音乐会,以及世界船舶与航海的专题邮票展等。各位领导、嘉宾和新闻界的朋友们,有关大连市举办“2009 年中国航海日”活动的情况,我就向大家简单的介绍到这里。“2009 年中国航海日活动”筹办刚刚开始,不仅得到了国家组委会的大力支持,也得到了新闻界朋友的极大的关注,我再次代表大连市政府向各位新闻界的朋友们表示衷心的感谢!也真诚的欢迎大家前往大连参加报道“2009 年中国航海日”的活动盛况,大连市政府将努力的为大会、为大家提供优质的服务和良好的工作环境,希望在美丽的 7 月,美丽的滨城,我们再相聚。谢谢大家。

答记者问

[新华社记者] 徐祖远副部长您好，我是新华社记者，目前，我国海军正在亚丁湾索马里海域护航，引起了社会的广泛关注，我想问一下，这个和郑和下西洋有什么不同？另外，交通运输部如何在维护和海洋主权方面发挥出应有的作用？谢谢。

[徐祖远] 谢谢你提出的与600年前有关系的和与现在海洋有关的问题。这一次海军赴亚丁湾索马里海域进行护航，是党中央、国务院和中央军委作出的决定。针对过去郑和下洋和当今我海军赴索马里护航的两次行动，我想可能有四个相同，四个不同。或者说四个一样，四个不一样。我先讲讲一样的地方。第一，这两次行动都是彰显中华民族和平亲善、扬帆天下的行动；第二，这两次行动的地点，604年前的郑和下西洋的友好访问最远到亚丁湾索马里海域。作为这一次的护航，海军执行任务也是到达了这个地方；第三，这一次的行动和604年之前的行动都有低强度的军事行动安排；第四，这两次行动应该都受到了国际上非常好的评价。这个评价都是友善的、中肯的，而且是受到欢迎的。这是四个相同的。

四个不同的就是：第一，时间上不同，我们相隔了600多年之后为保护海区的和平，采取的行动，在历史的长河上这600多年是不长的，但是，在600多年之后的一次行动，应该说时间间隔就久远了；第二，我们这次的行动跟600多年前的行动依据不一样，郑和是按照7月11日皇帝下的圣旨开始行动，而这一次我们的行动是依据《国际法》和联合国的决议，另外，经过双边协商采取的护航行动；第三，这一次的护航行动的实力和装备大不一样。装备上面应该说现在我们更加机动，郑和那时是靠帆船，而且在编队和要求上面也不一样；第四，在出海任务上不一样。这一次主要是根据联合国的决议，一是为国际组织运送人道主义物资的船舶进行护运；二是为我国重要的战略物资运输进行护航；三是有对3万吨以上的船舶和人员进行护航。600多年前，郑和下西洋从历史记载上也有打击海盗的行为，这是我想说的另外一个方面。

总体来看,600 年前和 600 年后,我们中华民族在海洋上的行动,都是和平亲善的行动,都是为将来在我国的航海发展史上,留下的记载是光辉的、永恒的。

你刚才问关于海洋的主权维护方面的问题,我想由国家海洋局的同志和外交部的同志来回答更合适。应该说,21 世纪是海洋的世纪,重视海洋绿色的宣传和发展海洋的事业,保护海洋的环境,我们应在战略上、在海洋的宣传上给予高度重视:第一,提升全民的海洋意识;第二,要健全海洋开发利用发展的法规体系;第三,要建立和平利用海洋和保护海洋的整体规划;第四,要加大对利用海洋的科技开发的力度。第五,要着力培养利用海洋、发展海洋的人才队伍。这里面包括三个层面:一是专家的队伍;二是海洋管理队伍;三是在海洋上从事工作的职业人员;第六,要广泛的开展国际上对海洋有关的会议交流与海洋上的合作。在世界海洋开发的大氛围里,彰显我国对海洋开发利用保护的良好形象和能力。谢谢。

[**中央电视台记者**] 我有两个方面问题问徐祖远副部长:第一个问题就是刚才提到 2009 年中国航海日的主题是迎接航海新挑战,当前,我们航海面临最大挑战是什么?如何应对?第二个问题,前段时间很多媒体关注波罗的海指数,现在怎么样?另外,对下一步我们国家航海运输业的发展会有什么样的判断?谢谢。

[**徐祖远**] 当前,航运市场处在低谷,航运上受到的挑战,我理解是这么几个方面:第一,确切地讲,航运是由贸易派生而来,贸易由金融这么一个重要的支持保障体系延伸出来,所以,我们通常讲,航运业是贸易派生而来的,它就存在两个显著的特点,一是被动性;二是依赖性。随着金融危机的爆发,资金流量的收窄或者短缺,对海运业的影响是巨大的,现在在航运业上受到最大的挑战是:市场处在低谷。怎么能够走出这个低谷呢?大家知道,去年从 5 月 20 日波罗的海指数的 11793 点到 12 月 6 日跌到 663 点,剩下了 6% 左右,这样的一个变化在一年之间有的说是戏剧性,有的说是冰火两重天,从高峰跌到低谷,这是在历史上从来没有过的。昨天,我在大连海事大连的学生讲的内容就是走向世界的海运业,我对他们说,这次金融危机对海运业的影响,就像从喜马拉雅山山峰跌到马拉利亚的海沟,就这么几天

的变化,是对我们市场更为严峻的挑战。第二,对航运公司的结构性的调整要求越来越急需和迫切。第三,环境和安全的标准,对航海业、海运业,甚至港口业的压力越来越大。第四,在这样的市场环境下面,对海运业诚信的挑战显得更为重要。如果在困难的时候,大家能够共同去面对困难,团结一致,行业内相互协调和采取一些具体的措施,在这种情况下,我想,航运市场的低谷还是可以渡过去的。

现在,大家非常关注航运的晴雨表——波罗的海(BDI)指数,实际上BDI指数现在越来越受到经济研究方面的专家、政府部门和行业内研究学者们的关注,BDI指数是一个晴雨表,不仅在行业上,而且反应在各种货类上和行业市场的价格上,它最能客观的反映整个市场需求。现在,BDI的指数是在1500点左右,原来我们也看到有一段时间上升到2000点以上,就在上个月,我国铁矿石有非常大的变化,一个月进口了五千多万吨,比去年同期增加了36.8%,那么,中国的这个需求,也推动了整个市场的变化和国际上的变化。总体来看,BDI指数能够维持到或者恢复性的增长到2500点,或者到3000点左右,这种市场需求关系的平衡还是比较合理的。

这样来看,您刚才讲到的整个市场的挑战带来的一些问题,可能在短期里还不可能很快的得到克服,现在,航运界也提出来要积极应对航运市场出现的危机,并作为长期应对危机的准备。因为,我们首先分析了有记载以来的100多次经济危机,能够真正走出危机的只是整个行业内的一些企业,不是每一个企业都能在危机过程中走得过去的;第二,危机的周期,经对历史上100多次经济危机测算平均周期是27个月。面对这样的挑战,我个人理解,如果航运业从去年开始处于低谷,那么,对全行业影响的时间可能还有一段。大家都讲,现在航运业是在寒冬之中过日子,业内人士有的是提出来要抱团取暖,有的提出来光抱团取暖还不行,还要有能力开展冬泳,看谁能够游得过去,前面就有救生艇;有的说若实在受不了冻就干脆躺下去冬眠;有的提出睡也睡不着,跳也不敢跳,那就冬训,把体质增强以后,再进行下一轮的竞争。

总的来看,目前,航运市场依然是在经济危机影响下的市场。在这个时段,我们也学学郑和的精神,用这种精神才能真正在危机下走得过去。为什么呢？因为郑和的伟大精神，一是体现在勇于探索，以不畏艰难的勇气敢于探索。中国的航运企业这么大，金融风暴引起的这种挑战，要勇于探索。二是爱国奉献。一些大的企业在这样的情况下面，要为国家做出奉献。三是要奋勇拼搏。要以百折不挠的意志来克服困难。谁没有意志，谁就将在激烈的竞争中被淘汰。四是要自信从容。以成功的战略思维方式开创未来。郑和留下来的精神是民族振兴的宝贵财富，无论是国际的变化，还是国内的变化，我们要敢于参与竞争，航海对航运业来说始终是挑战，正是由于航海家的这种既能享受风平浪静、水平如镜的海洋魅力，也能经得起在风口浪尖上和低谷上这种风险性的拼搏，我相信我们航运业一定能走出低谷的。谢谢。

[经济日报记者] “航海日”前几届主办城市我相信都是经过精挑细选的，这一届选在大连，有什么特别的意义？主办这样一次活动，对大连港、大连市本身有什么积极的促进作用？谢谢。

[戴玉林] 谢谢经济日报的记者。这次“航海日”在大连举办，应当说，“航海日”组委会对大连的认可和信任，当然，也是经过我们争取努力而得到的。因为，“航海日”活动现在经过几年的举办，对地方经济、对城市形象都产生了巨大积极的影响。所以说，申办这个活动的城市特别多，能够得到举办权，也不是那么容易的。我们想，这一次活动能在我们大连举办，我相信，将能对我市产生积极影响：第一，这次活动在大连举办，可以进一步加深大连市广大市民对海洋国土的了解和认识，使全民都来关心海洋、关注海洋，从而，达到一个科学的利用海洋、开发海洋和爱护海洋的目的；第二，通过这一次“航海日”活动，使我们大连市关于海洋方面的各种资源能够得到清查和整合。因为，大连市的海洋资源在软的方面、硬的方面都十分的丰富。从软的方面来讲，有海军的摇篮，有航海的摇篮，有关于水产科学方面的院校，还有一批与海洋有关的研究机构，比如国家环保局在大连关于海洋监测方面的机构，还有很多渔业方面的研究机构，把这些资源整合起来，把人才给培养好，把事情做好，将会是非常有意义。这是我们办航海日的第二步。第三，通过这次活动将对大连市港航业的发展有一个促进的作用。现在，看港航业的发展有硬件方面，也有软件的方面。所谓硬件方面，比如码头、装卸、

道路、铁路等等，当然还有一些软的方面，比如说，怎么样加强各种运输方式之间的统一协调，这是一个很重要的问题，通过这次活动，我们和有关的铁路部门、航运企业搞一个东北的联运，在国家物流振兴计划当中怎样发挥作用，这是第三方面。第四，通过这次活动也将扩大大连市的影响。大连市作为一个海洋大市，依靠海洋，依靠港航产生和发展的城市，怎么样保护海洋、利用海洋，在这一方面扩大大连的影响。

那么，对于大连港的积极作用是显而易见的，很多人对大连港的发展就有新的认识，大连港主要在东北亚地区，它是为东北服务的，为内地服务的，当然也是为渤海湾乃至全世界服务的。我们想通过这次活动，把大连港这几年发展的新思路也作一个展示，比如，现在大连港的发展思路，与周边港口资源整合规划，再说，关于建立综合运输体系的问题，大连市作为海洋城市如何与内陆城市如沈阳、长春、吉林市、哈尔滨市及满洲里怎么样进行规划和协调，另外，我想，通过这次活动提升大连市东北的重要航空中心，以及提升大连港作为一个枢纽港的作用，都是非常有意义的。

［**中国交通报记者**］　谢谢主持人，刚才徐祖远副部长和戴玉林副市长简单阐述在大连举办航海日庆祝活动的意义，我的问题是明年组委会是否已经选定下一届举办“航海日”活动的城市，选这个城市基于哪些考虑？谢谢。

［**徐祖远**］　大家都关注到明年在哪儿举办，根据组委会申请的讨论和研究，最后表决通过，决定明年的举办地是福建省泉州市，为什么决定放在泉州呢？主要是泉州在我国对外开放的海港城市较早的，它是我国海上丝绸之路的起点，有这样的记载，它有悠久历史的港口和航运，在世界上的地位非常突出。而且，在郑和下西洋的记载里，泉州就有造船、海员培训的内容，郑和下西洋的船舶在江苏太仓起锚之后，到达福建需经过南海季风气象，必须要在泉州进行整合。这几年，泉州在国家的港口与行业的发展上，在大型活动的组织方面，都是有很好的经验。经过这样的考虑，组委会决定明年的“航海日”大会在泉州举行。谢谢。

［**华夏时报记者**］　谢谢主持人。刚才，徐祖远副部长说，目前中国航运业正处于低谷阶段，在这个背景下，以中远、中海为首的航运企业，在国际上

的谈判能力是不是有所下降？另外，您说行业不景气，好多商业船队和集装箱处于搁置状态，这对这些企业是一个挑战，您说的调整是指得整合，还是对大中小企业进行一个全盘的支持和引导？另外问一下，在这次机构改革中，水运司改为水运局，一字之改，是不是仅仅是一个称谓改变，还是有别的寓意？另外问一下戴玉林副市长，大连市为了建国际航运中心，对一些自然海岸线进行了人工改造，目前，大连人工航运线改造超过 70%，请证实一下，这个数字是否属实？如果大规模改造会产生什么影响？

[徐祖远] 刚才我讲到政府部门对所有企业都是一视同仁的，他们面对的困难我们提出了一些在结构上进行调整的指导，市场经济对每一个企业的经营者来讲，它的最大的挑战就看在可持续发展战略上是怎么定位，这是第一。第二，在企业经营中风险规避的政策、制度是怎么完善的和起作用的。因为，我们建立了社会主义市场经济体制，改革开放 30 年来，这个体制对航运业，对港口业的发展发挥了巨大的作用。那么，这次金融风暴引发的对经济实体经济的影响，对港航业是大还是小？能不能经得起这一场危机的洗礼？决定于企业本身抗寒冬能力，以及发展和可持续发展的问题。不能说是大的企业危机中死不了，那不一定，这取决于企业在危机中谁把握好机遇，谁能抗得了寒冬。过冬无非就是看你的粮食多不多，看你的衣服够不够，看你避风的地方能不能找得到，你市场的客户有没有，资金流够不够，你有没有其他的更绝的一手，在最困难的时候能不能渡得过去。

关于政策引导的问题，我们讲的政策引导，主要是保持航运业稳定可持续的发展，至于市场经济中的适者生存、优胜劣汰，在这样的前提下，我想更多的就是给企业讲最大的机遇是什么？对海洋的发展，对海运业来说，全球经济一体化的趋势不可能改变，现在，在各种经济政策方面的协调是总的趋势。再就是在全球经济一体化下，五种运输方式里面谁也不能取代谁，各个行业都是存在的，机遇是存在的。国际经济大合作、大发展、大交流的这种机遇是有的，格局是不会改变的，就看企业自身是不是能够渡得过这个寒冬。

[宋德星] 应该说，这个问题是一个挺好的问题，而且，是最近机构改革以后很多人关注的问题，我现在体会也很深，水运司改为水运局要求我们

如何进一步得突出行业特色,转变职能,强化服务。现在,成立水运局以后,我们在认真研究这一字之差,我们对外的形象有什么变化。所以,现在我局加紧研究政策,研究法规,强化服务,特别是应对当前的金融危机。刚才徐副部长讲了,政府也有所作为,对市场要加强监管,维护市场秩序,对港航企业按照国际惯例争取相应的政策,促进行业的发展。所以,我觉得一字之差,对我来说是更多的责任、压力,我也有信心新的水运局的成立,将更好地履行政府部门的职责。谢谢!

[徐祖远] 我再补充一点,水运局与水运司虽是一字之差但水运局用三句话就可以办好了。第一,以法律法规来规范市场;第二,以正确的政策来引导市场;第三,以大量准确的信息来服务市场。

[戴玉林] 非常感谢华夏时报记者关心大连航运中心的发展。大连市海岸线有1900公里,适合于建港的大概是不到300公里,现在已经使用的还不到100公里。所以,刚才您讲看到一个材料,说大连的海岸线已经用了70%,我说,大连现在还没那么大能力。但是,我们用的不到100公里海岸线,也并不意味着是在乱用,现在,国家对用海岸线和海域的使用等好几个国家部门在管。首先,是国家海洋局,海域使用要报国家海洋局批准,不是你想填就填,这非常严格的。还得经环保部批准。第三地方上要在海域干什么,需要立项,必须经国家发改委批。尽管这样,我们大连市在用海方面,这几年,我们投入了大量的资金,是保护海洋而不是破坏海洋。

我举几个例子:第一,大连市20世纪90年代提出了发展海洋牧场,结果现在经过十几年的发展,很多地方高密度的养殖,使海水的质量受到了影响,甚至对海运都受到影响。近几年大连港附近老是有养殖的,最后导致船舶进出港有了问题。近几年,我们花了30多个亿,把海域治理了,保护了海洋。第二,我们把一些因排放污染海洋的厂子都给关闭了,你们上大连坐飞机,飞机在落地时候就会看到两个有污染的厂子,一个就是大化,一个就是大港,现在,这两个厂子都关闭了。改造使其成为港湾的一部分。我们就是这样把整个海洋污染的问题解决了。今天,华夏时报的记者提出的意见也很好,大连市在这一方面做的宣传还不多,还有差距,下一步我们在发展国际航运中心的同时,要加强对海洋的保护,对海岸线的保护,对海边湿地的保护,同时也要加大宣传力度。

[中国水运报记者] 我向胡平贤院长提个问题。每年航海日都有一个特色的活动就是取水,然后再举办城市聚水,我想请胡院长谈谈这个活动的寓意是什么?今年“取水、聚水”都有哪些特色?谢谢。

[胡平贤] 谢谢水运报的记者。刚才,水运报记者提出来的问题,也是我们近几年,每年大家都比较关心的一个问题,也是我们航海办每年要研究跟实施的一个项目。通过最近几年“航海日”活动的采水也好、聚水也好,大家感觉到采、聚水仪式的内涵在不断地深化,其意义在不断的显现。因为,大家知道,有水才有海,有海才有航海,水和航海是紧密联系在一起。所以,把聚水、采水作为航海日活动里的一个很重要的内容。我国外贸货物90%以上是通过海运完成的,从这一点可以看出来,我国对国际经贸的交往主要是通过海运进行的,是与“航海日”活动紧密相连的。通过采水、送水、聚水,最后把水汇集起来,还要送回到大海里面,这是传承和谐、和平的精神。

通过聚水的活动,促进宣传和提高全民的海洋意识、航海意识,聚水之后,再把水汇集到海洋里,把“和谐、和平之水”通过大海再波及到世界各个国家,这也是我们传承和弘扬郑和精神的一种形式和方式。再有,在每年取水点的选择上,也都与当年所关注的社会热点相结合。比如去年我们的取水就与奥运的元素,与赈灾的元素相结合起来,效果非常好,也给人们留下非常深刻的印象。今年取水的选择,主要是以“和谐”为主线,通过护航海军在索马里海域取维护和平之水,寓意世界各国人民共同来维护和平,促进贸易。我们还将在西藏的雅鲁藏布江取水,象征环保,同时,也寓意着西藏百万农奴解放50周年;在大连市我国著名的海岛县——长海县取“兴旺之水”,象征着通过大连口岸,促进东北对外贸易经济的发展,所以说取水、聚水这样一个过程,它的含义是非常深刻的。通过这几年的实践效果也是比较明显的。谢谢。

[工人日报记者] 谢谢主持人。徐祖远副部长您好,我是来自工人日报的记者,有两个问题。首先在今年“航海日”活动中,还有哪些专门针对涉海工作人员的活动?第二个问题,国际金融危机对我们海运和贸易产生了一定的影响,这种影响是否会涉及到涉海工作人员和海运人员的权益问题。

对此,您怎么看? 谢谢。

［徐祖远］ 关于现在市场的总体情况大家可以看到,因金融危机行业市场在变化,都处于激烈的竞争状态。涉海范围比较广,关于涉海职工的权益,据我们掌握的情况,到目前为止也没有有关海运与港口职工方面的侵权案例,而且,我们也提出来,按照《海员条例》、《港口法》、《劳动法》和社会保障的有关法律法规,这些涉海部门职工的权益也得到了充分的保护。

关于第二个问题。从发展的情况看,海洋的发展对我们职工的就业来讲,也是一个很好的机会,但对职工要进一步进行培训,要通过培训培养更多的专业技术人员和大量的就业人员,为海洋经济的发展提供更多的基础条件。谢谢。

［宋德星］ 谢谢徐祖远副部长,今天新闻发布会开得非常成功,非常感谢各位记者、新闻界的朋友,我们也诚恳希望新闻界的朋友给我们“航海日”有关活动、航海有关精神给予充分报道。由于时间关系,今天的新闻发布会到此结束,谢谢大家。

附:

出席新闻发布会的新闻机构有新华社、中央人民广播电台、中央国际广播电台、中央电视台、光明日报、经济日报、华夏时报、法制日报、工人日报、中国日报、中新社、经济观察报、新京报、央视网、中国青年报、21世纪经济报道、中国经济导报、和讯网、中国交通报、中国水运报等43家。

发布时间：2009 年 5 月 5 日上午 10 时

发 布 人：李　华　交通运输部公路局局长

吴　晓　国家发展和改革委员会基础产业司副司长

马　敏　财政部经济建设司处长

主 持 人：何建中　交通运输部新闻发言人、新闻办主任、政策法规司司长

发布地点：交通运输部新闻发布厅

取消政府还贷二级公路收费工作进展情况新闻发布会

发布辞

交通运输部新闻发言人、新闻办主任、政策法规司司长　**何建中**

2009 年 5 月 5 日

女士们，先生们，新闻界的各位记者朋友：

大家上午好！

很高兴又和大家见面，今天，我们三个部委在这里召开一个新闻发布会，主题是"逐步有序取消政府还贷二级公路收费工作的进展情况"。

今天，我很荣幸地邀请了三位嘉宾，他们是国家发改委基础产业司吴晓副司长；国家财政部经建司马敏处长；交通运输部公路局李华局长，三位嘉宾和我一起出席今天的新闻通气会，并共同回答大家所关心的问题。

下面，我就大家比较关心的逐步有序取消政府还贷二级公路收费有关情况，给大家做一个简要的通报。

前一段媒体对第一批、第二批取消政府还贷二级公路收费的情况做了一些报道，但是，今天这个通报还有一些新的内容，大家会有所收获。主要

说三个方面的情况。

一、为什么要逐步有序取消政府还贷二级公路收费

(一)逐步有序取消政府还贷二级公路收费的背景

“贷款修路、收费还贷”是我国公路基础设施建设投融资政策重要的组成部分,1984 年实施以来,这项政策打破了单纯依靠政府财政发展公路交通的体制机制的束缚,较好地缓解了公路建设资金严重短缺的难题,有效地吸引了社会资金和外资进入公路建设领域,形成了“国家投资、地方集资、社会融资、利用外资”的公路建设投融资模式,极大加快了我国公路建设和发展的步伐。到 2008 年年底,全国公路总里程已经达到 373 万公里,公路网的密度达到 38.86 公里/每平方公里,99.24% 的乡镇和 88.64% 的建制村通了公路,53.5% 的公路为水泥、沥青路面,等级公路的比重达到 74.49%。特别是高速公路从无到有,不到 30 年的时间里,建成了高速公路 6.03 万公里,居世界第二。“五纵七横”国道主干线的网络在 2008 年初基本贯通,提前 13 年完成了规划目标,同时,还相继建成了一批施工难度大、科技含量高、具有世界先进桥隧建设技术水平的特大桥梁和特长隧道。与 1985 年相比,全国公路路网密度提高了近 3 倍,二级以上高等级公路在全国公路网中所占比例提高了 7 倍,干线公路车辆行驶平均速度提高了 1 倍。

目前,在我国现有公路网中,95% 的高速公路,61% 的一级公路,42% 的二级公路,都是依靠收费公路政策建设的。如果没有收费公路政策,我国二级以上高等级公路,将比现在减少三分之二以上规模,公路交通对国民经济和社会发展的“瓶颈”制约也不会得到有效的缓解。因此,国际社会也普遍认为,收费公路政策是中国运用政策手段缓解资金短缺约束、加快改善公路交通基础设施状况的成功经验。

作为交通基础设施建设领域的政策创新,收费公路的发展过程,在很大程度上是边摸索、边规范的过程。我国收费公路的发展也是从二级公路起步。当时由于投资少、见效快、融资成本低,二级收费公路的发展速度比较快,对改革开放初期尽快解决公路交通“瓶颈”的制约发挥了重要作用。但随着我国公路交通现代化进程不断推进,高速公路建设取得了举世瞩目的

发展成就，收费公路政策在作出历史性贡献的同时，也出现了一些问题，收费公路结构不合理的问题日渐突出。在全国收费公路总里程中，二级收费公路里程和收费站均占收费公路总量的60%左右。特别是高速公路建设逐渐形成网络，原有的二级公路的干线骨架作用功能逐渐削弱，加之，这些收费站大多分布在城乡居民频繁使用的区域，与当地经济发展和居民生产生活的矛盾日益突出。

为此，国务院在决定实施成品油价格和税费改革时，在决定取消公路养路费等六项收费的同时，明确提出由省、自治区、直辖市人民政府根据相关方案和政策统筹考虑研究，逐步有序地取消政府还贷二级公路收费。2009年2月17日，国务院办公厅印发《关于转发国家发展与改革委员会交通运输部财政部逐步有序取消政府还贷二级公路收费实施方案的通知》。

（二）逐步有序取消政府还贷二级公路收费的意义

逐步有序取消政府还贷二级公路收费是成品油价格和税费改革的一项重要内容，是新时期我国收费公路政策的一次重大调整，是调整我国收费公路结构的重大举措，是国务院审时度势作出的一项重大决定。实施这项改革，对于从根本上解决收费公路规模过大的问题、进一步优化收费公路结构、完善收费公路发展政策，具有重要意义；能够明显降低道路运输成本和社会负担，特别是在当前全球性经济危机和我国严峻经济形势下，有利于拉动内需，促进国内经济发展。

（三）为什么要坚持逐步有序的原则

国务院《关于实施成品油价格和税费改革的通知》明确规定，取消政府还贷二级公路收费的原则是逐步有序。“逐步”就是根据各地经济和财力等实际情况分步骤地取消，“有序”就是依据法规有秩序地、分期分批地做好这项工作。这既符合我国国情，也有利于改革的平稳实施。之所以要坚持逐步有序的原则：

首先，主要是考虑到我国地区差异大，情况复杂，而且取消政府还贷二级公路收费涉及因素多，需要由各地根据本地的实际来逐步取消政府还贷二级公路收费，这也符合中国国情，更有利于平稳实施。从目前我国东中西部地区公路交通发展的现状看，东中部地区省份以高速公路为主体的高等级公路网络已经基本形成，特别是以东部为主的13个省市二级以上等级公路，已占公路总里程比重13%以上，国省干线公路中，二级以上比例达到82.2%。对中东部地区来讲，逐步取消政府还贷二级公路收费，时机和技术条件已经成熟。

但西部省份公路网络仍处于加快发展的阶段，公路网尚未形成。截至2008年年底，西部地区二级及以上公路占该地区路网比例为7%（东、中部地区分别为17%和10%），国省干线公路中二级及以上公路占比为46%（东、中部地区分别为86%和79%），水泥、沥青路面的铺装率为33.4%（东、中部地区分别为75.7%和57.7%），公路密度为20.6公里/百平方公里（东、中部地区分别为98.8%和75.9%），公路通达建制村通沥青、水泥路率为35%（东、中部地区分别为90%和80%）。

从技术指标上看，西部地区在今后较长一段时间里，公路建设和发展的任务仍然十分繁重。而且，由于地形、财力等原因，西部地区目前尚难进行大规模的高速公路建设，二级公路仍是该区域干线公路建设发展的主要重点，如果取消二级公路收费，干线公路建设的筹资将会遇到很多困难。尽管中央对西部地区公路建设的投资，不论是车购税还是国债，或是成品油价格与税费改革后形成的交通专项资金，都在向西部地区倾斜，但受西部省份自身经济发展水平、财政能力的限制，若没有“贷款修路、收费还贷”政策的实施，是难以尽快改变西部地区交通发展滞后的局面。按照“逐步有序”的方式进行，实施更加稳妥，既可有效地调动条件成熟、自愿撤站省份的积极性，又能兼顾西部地区的实际情况，更具灵活性。

其次，也主要考虑到目前全国政府还贷二级公路债务规模较大，如果一次性取消政府还贷二级公路收费，可能会大幅度提高成品油消费税单位税额，与国务院确定的成品油价格与税费改革不增加消费者负担的目标不符。逐步有序取消，可以避免一次性取消收费所带来的还贷过于集中、压力过大等问题，更有利于集中资金在短期内解决地方财力较好或还贷压力较小地区的债务，然后，再集中资金解决其他地区债务。

第三，考虑到现有二级收费公路中，还有一小部分是经营性收费公路。对于这部分经营性二级收费公路，都是由国内外企业经营的，其中，还有一部分是外资企业和独资企业。这些企业当初都是按照国家有关规定，筹集资金用于公路建设,并与政府签订相关合同与协议进行依法经营。如果政府在改革过程中通过行政手段取消这些经营性收费公路的收费,则可能会引发一系列的合同纠纷与法律问题。因此,对这部分二级收费公路,按照"逐步有序"的原则,将允许这些企业在合同规定的限期内继续经营,也是符合实际需要的。

此外,逐步有序取消政府还贷二级公路收费,还能确保逐步安置取消收费后涉及到的收费人员,在当前国家整体就业形势紧张,特别是取消公路养路费等六费后,交通系统人员安置压力较大的情况下,能够有效地缓解人员安置压力,确保国家成品油价格与税费改革工作平稳有序推进。

二、逐步有序取消政府还贷二级公路收费工作进展情况

(一)总体目标与要求

据国务院《关于实施成品油价格和税费改革的通知》以及国务院办公厅印发《关于转发国家发展和改革委员会交通运输部财政部逐步有序取消政府还贷二级公路收费实施方案的通知》的规定,逐步有序取消政府还贷二级公路收费的总体目标与任务主要有两点:一是根据《收费公路管理条例》,东部地区已从2004年11月起停止发展二级收费公路;中部地区从2009年1月1日起,停止审批新的二级收费公路项目;西部地区的省(区、市)如决定取消政府还贷二级公路收费,从决定取消之日起,同步停止审批新的二级收费公路项目。二是从2009年起到2012年年底前,东、中部地区逐步有序取消政府还贷二级公路收费,使全国政府还贷二级收费公路里程和收费站点总量减少约60%,西部地区是否取消政府还贷二级公路收费,由省(区、市)人民政府自主决定。

此外,国务院有关文件还明确要求:取消政府还贷二级公路收费以省为单位组织实施,可一次性全部取消,也可在省内分期分批取消。各省级人民政府将按照"国家鼓励、地方为主;确定目标、有序推进;锁定债务、逐年偿还;安置人员,确保稳定"的总体思路,自主决定取消本辖区政府还贷二级公路收费时间表,并按照"开展试点引导、锁定债务余额、制定具体方案、签订还贷协议、商定补助资金、限时取消收费、逐年偿还债务、妥善安置人员、明确配套措施"几个步骤,逐步有序地完成取消政府还贷二级公路收费。

(二)有关工作的时间节点及基本情况

1. 2008 年 12 月 18 日，国务院印发《关于实施成品油价格和税费改革的通知》。

2. 2009 年 2 月 12 日，国务院就逐步有序取消政府还贷二级公路收费问题召开专题会议，进行研究和部署。

3. 2009 年 2 月 17 日，国务院办公厅转发国家发展和改革委员会、交通运输部、财政部《逐步有序取消政府还贷二级公路收费实施方案的通知》。

4. 2009 年 2 月 19 日，交通运输部、国家发展和改革委员会、财政部在与各有关省份沟通协商的基础上，召开全国电视电话会议，就此工作进行部署，并决定由山东、江苏、安徽、福建、江西等五省作为第一批试点，在 2 月底前率先取消政府还贷二级公路收费。

5. 2009 年 2 月 21 日零时，福建、江西两省停止政府还贷二级公路收费。2 月 28 日零时，山东省停止收费。同日 24 时，江苏、安徽两省停止收费。截至 2 月 28 日 24 时，第一批 5 个试点省已经相继停止收费。

6. 2009 年 2 月 27 日至 3 月 2 日，三部委组成工作组分别到各试点省份进行调查、检查和指导，落实第一批试点工作。

7. 在总结第一批试点省份经验、不断完善工作要求的基础上，报经国务院同意，交通运输部、国家发展和改革委员会、财政部于 4 月 23 日联合发函，决定由黑龙江、吉林、辽宁、河北、河南、湖北、湖南等 7 省，作为第二批取消政府还贷二级公路收费的省份，在 4 月份内择机决定停止政府还贷二级公路收费。23 日上午，交通运输部召开视频会，传达国务院领导的批示精神，并对第二批省份取消收费工作提出了具体要求。

8. 从 2009 年 4 月 30 日起，第二批 7 个省份相继停止政府还贷二级公路收费。吉林、河北两省于 4 月 30 日零时停止收费，河南省于 4 月 30 日中午 12 时停止收费，黑龙江、湖北、湖南、辽宁等 4 省于 4 月 30 日 24 时停止收费。

至此，第一批 5 个省份和第二批 7 个省份，已经全部取消政府还贷二级公路收费，全国逐步有序取消政府还贷二级公路收费工作，取得重大的阶段性成果。东、中部地区省份除广东、山西、浙江 3 个省份外，其他地区已经全部一次性取消了政府还贷二级公路收费，共撤消站点 1263 个，占全国政府还贷二级公路收费站总量的 65%，涉及公路里程 7.08 万公里。据了解，目前广东、浙江、山西3省的有关部门，也正在制定具体方案，将会在2012年年底之前，分期分批取消其境内的政府还贷二级公路收费。对于西部地区，根据国务院文件的精神，由省（区、市）人民政府自主决定是否取消政府还贷二级公路收费。重庆市近日也撤销了部分政府还贷二级公路收费站点。

（三）第一批和第二批省份取消收费的基本情况通报

1.第一批山东、江苏、安徽、福建、江西5个试点省份共撤销政府还贷二级公路收费站388个，占全国政府还贷二级公路收费站总量的20%，涉及公路21325公里。在停止收费后的15天内，各地即组织力量集中完成了收费设施拆除以及路面恢复工作。其中：山东省撤销收费站44个，涉及公路3364公里；江苏省撤销收费站点70个，涉及公路里程4496公里。安徽省撤销收费站点71个，涉及公路里程3711公里。福建省撤销收费站点120个，涉及公路里程5464公里。江西省撤销收费站点83个，涉及公路里程4290公里，有关情况将会在政府网站逐个公布。

从停止收费后的近两个月运行情况看，5省取消政府还贷二级公路收费工作进展顺利，总体情况良好，得到了社会各界特别是广大车主和群众的赞誉，也为全国逐步有序取消政府还贷二级公路收费工作奠定了良好的基础。

2.第二批黑龙江、吉林、辽宁、河北、河南、湖北、湖南7省共撤政府还贷二级公路收费站点875个，占全国政府还贷二级公路收费站总量的45%，涉及公路里程49518.8公里。这7个省都有具体的站点数和公里数，我们将在交通运输部政府网站逐一登出，也将通过中国交通报等站点进行公告。

从目前的情况看，第二批7省取消收费的相关工作平稳推进，进展较为顺利。五一放假期间，7省有关部门特别是交通运输主管部门都派出工作组分赴收费站点进行跟踪督导，确保有关措施落实到位，确保改革期间的社会稳定和工作有序开展。

3.第一批和第二批共12个省份在取消收费之前，各省级人民政府都发布了公告，提前向社会公布取消收费的时间、收费站点名称和位置，并组织本地新闻媒体开展相关的宣传报道。一些省份还在收费站现场向社会公众和车主免费发放专门印制的宣传手册。为方便社会各界以及新闻媒体了解和监督取消收费的有关情况，交通运输部收集汇总了各省级人民政府已公布取消的政府还贷二级公路收费站点的具体名称、涉及的收费里程等情况，并在交通运输部的政府网站以及相关媒体予以公布。我们欢迎社会各界监督已取消政府还贷二级公路的撤站情况。

三、取消政府还贷二级公路收费后公路交通的发展方向。

（一）公路交通的可持续发展需要坚持收费公路政策

目前，我国公路交通事业仍处在大建设、大发展阶段，高速公路正处于形成网络的关键时期。国家高速公路网有48%的路段在建或尚未开工建设；国道中三级以下公路（含三级）里程约占国道总里程的21%，省道中这一比例则达到39%；国省干线公路中，还有3万多公里的公路为砂石路面；国道中13%的路段仍处于拥挤状态；在珠江三角洲、长江三角洲、环渤海三角洲等经济发达地区，主要运输主通道的设计容量，已经不能适应经济运行的需要，道路拥堵现象较为普遍，急需进行扩容改造。而且，随着全面建设小康社会目标的逐步实现，公路交通基础设施将面临提高通达深度、扩大通行能力、加强养护管理、改善服务质量的多重压力。特别是当前国家为应对全球经济危机，近期出台了一系列政策来拉动内需，确保经济平稳较快发展，加快公路基础设施建设，完善国家高速公路网络是其中的重点之一。如国务院前几天出台文件，要求降低公路建设资本金的比例，这实际上就是为了鼓励地方政府更好的多渠道筹集资金，允许更多的民营资金投资公路基础设施建设，从而促进公路建设发展。

从国际上看，目前世界上已有60多个国家以收费公路的形式建设和发展高速公路，吸收更多的社会资本投资公路建设，并利用这一政策调节交通量分布、优化出行方式。从我国经济社会发展的现有条件来看，综合研究表明，在今后一段时期内，收费公路政策仍将是我国筹集公路基础设施建设资金不可或缺的政策渠道。但是，随着国家财力的不断增强和公路网络的逐步完善，各级地方政府要不断加大财政资金的投入力度，逐步提高政府预算内资金在公路建设和养护费用中的比重，发挥政府在公路建设和发展中的主导作用，承担政府应有的公共财政义务。

（二）积极研究解决普通公路发展问题

政府还贷二级公路取消收费后，普通公路特别是西部地区的普通公路的建设与发展面临新问题。对此，国务院领导高度重视，要求国家发改委同财政部、交通运输部等有关部门，加紧研究建立和理顺普通公路投融资体制，促进普通公路健康发展。同时还要求，进一步研究完善收费公路的相关政策，抓紧修订《收费公路管理条例》。

为解决和支持改革后普通公路发展，国务院《关于实施成品油价格和税费改革的通知》明确，改革后形成的交通资金属性不变、资金用途不变、地方预算程序不变、地方事权不变；国务院办公厅转发的《实施方案》也明确，全国取消政府还贷二级公路收费债务基本偿还完成后，中央财政每年仍然从改革后新增的成品油消费税收入中安排一定的资金，用于支持地方非收费公路的养护及建设发展。有关这方面普通公路发展问题，国家发改委的领导可以回答这方面大家关心的问题。

（三）今后我国公路发展方向

总体方向是：加快建成国家高速公路网，提高国省道干线公路等级，改善农村公路行车条件，逐步形成质量、速度、结构、效益相协调，建、养、管并重的公路交通网络。重点是逐步构建以高速公路为主体的收费公路网络，和以普通公路为主体提供政府普遍服务的非收费公路网络。

具体讲：一是继续利用收费公路政策筹集高速公路建设和养护资金，重点是要加强国家高速公路网等重点项目建设，促进国家高速公路网规划的实施和全国公路运输通道网络的形成。当务之急是解决高速公路网络中断头路建设，做好京珠高速公路等主要运输通道的扩容改造工作，按照国家的统一部署，加大公路基础设施投入，拉动内需，确保经济平稳较快发展。

二是加强一级收费公路管理，特别是严格控制和规范将取消收费后的政府还贷二级公路改建升级为一级公路继续收费，从而建立以高速公路为主体的、低收费、高效率的收费公路网络和以普通公路为主体的非收费公路网络。

三是对于高速公路，要加快推进联网收费和不停车收费进程，进一步提高收费公路的通行效率和通行能力。

我要跟大家通报的就是这么三个方面的情况，下面，欢迎大家就自己所关注的问题及围绕主题提问。

答记者问

［人民日报记者］　我有两个问题问一下李华局长，目前，我们前两期12个已经取消了政府还贷二级公路收费的省份，所涉及要安置的人员总共数量是多少？目前，已经安置的人员大概是多少？碰到的难题是什么？有关各个省市在安置人员方面有什么创新的做法？他们采取什么途径来安置人员？

第二个想问一下吴晓司长，在12个省份已公布的情况当中，所涉及的债务状况都不很理想，基本都在上百亿左右，那么，现在您有没有一个债务的基本情况，总共涉及的债务大概是多少？今后有没有可能我们下一步应对一级公路、高速公路所有的公路进一步摸查？

［李华］　从我们目前了解的情况看，安排人员大体上分这么几个去向：一个就是一部分取消政府还贷二级公路收费以后，普通国省干线的超限、超载压力越来越大，好多车取消收费以后，大部分车辆都转到了国省干线运行，这样就有一部分人员要转检查车辆超限超载工作上来。

还有一部分人员转岗到马上要建成收费的高速公路收费站工作。这是第二个方面。

第三个方面，有一部分人员可以转到农村公路上。现在，农村公路管养也需要一部分人员，为此，我们在农村公路的管养工作岗位上安置了一部分人员。还有一部分人员可能不愿意再做公路方面的工作，那么，可以按照《劳动合同法》的规定，做好相关工作。从目前我们了解的情况看，各地在安置人员方面的前期都做了大量的工作，我们三部委还专门组织了几个组，奔赴有关省对这项工作进行了检查指导，检查的重点问题就是人员安置。

最近，我们正在陆续的出台相关文件，突出的内容依然是人员安置方面的工作，我认为，人员安置的情况基本是妥善的。各地政府都做了大量的工作，都在按照国务院的方案要求，做到人员有妥善的去向。

［吴晓］　取消政府还贷二级公路收费其中有几个重要的问题，对于债务的偿还，国务院批准国家发改委关于逐步取消政府还贷二级公路收费，政

府还贷二级公路收费是先撤站，然后再停止收费，要和有关金融机构签订还贷协议，然后逐年偿还。为了解决债务问题，根据国务院批准的税费改革方案，中央要从燃油税上专门拨付一部分资金。对于东、中、西3个区域分别采取不同补助的标准，对于东部地区是按照40%的补助标准，对于中部地区中央是按照50%的补助标准，对于西部地区中央是按照是60%的补助标准。

说到债务问题，确实也是我们关心的问题。由于二级公路收费的主体从审批、设置、收费等环节，都是各级地方政府来审批和确定的，那么，我们在这些方面对各地债务进行摸底，但是这个情况不是很准确。这次《实施方案》就是要求各地在停止收费后马上开展债务锁定，这项工作正在进行当中。谢谢。

[中央电视台记者] 何建中司长说到12个省已经取消了政府还贷二级公路收费，但是我们也注意到，那些省无一例外在取消二级公路收费站，同时也仍然保留了108个普通公路收费站，我想问一下，这108个收费站全部都是一级的经营性的公路吗？

第二个问题，现在有些媒体报道，存在着虽经政府审批的收费公路已到期但仍在收费，这方面的情况您能不能给我们做一个说明，尤其是像山西省，据报道有90%的收费公路已经到了期限，但是，还是有收费情况，能否就这个情况做一下说明。谢谢。

[李华] 山东省这次取消二级公路收费以后，据我们了解的情况看，山东省现在收费的一级公路里程有4795公里，而取消政府还贷二级公路的里程是3364公里。从整个山东省公路的结构来看，国省干线里面包括有高速公路，约为四千多公里。

另外，在二级公路中还有一部分是经营性的，我刚才说的山东省取消的3364公里是政府还贷二级公路，从全国讲大约有15%是经营性收费公路，一级公路山东的情况我刚才简单说了，按照结构来讲，高速公路、一级公路要比政府还贷的二级公路里程要多，而且在这一次国务院改革的方案中间，取消的是政府还贷二级公路，至于对经营性二级收费公路不在取消之列。刚才，何司长已经做了解释，这涉及到很多问题。与企业签的合同，必须按照规定执行。不然的话，可能涉及到一些政策的问题，政府形象的问题等等。

关于山东一级公路的问题，因为按照国家的政策，一级公路还是可以继续收费，不在这次改革之内，所以，山东在取消政府还贷二级公路收费的时候，一级公路不在取消收费的范围之内。

关于12个省份取消收费的站点名称、公路里程等，刚才何司长讲了，今天会在交通运输部政府网站上向全社会公布。至于那位记者提到的山西问题，我想跟大家说一下，山西省也要在实施阶段取消政府还贷二级公路收费。按目前情况，山西很可能会在明年左右也能解决这个问题。谢谢。

[**中国交通报记者**]　想问一下吴晓司长，二级公路政府还贷取消收费以后，二级公路发展的钱哪里来？

[**吴晓**]　你的问题在刚才几位的发言中也都谈到了，下面，我再作一个介绍。西部地区公路发展确实面临着新的问题，目前西部地区整个公路建设发展还是比较缓慢的，对此，国务院领导非常重视，在研究成品油价格改革的过程中，在讨论取消政府还款二级公路收费的问题中，都多次提出来要认真的处理好如何促进普通公路发展问题，要求国家发改委、交通运输部和财政部，加紧研究建立和理顺普通公路投资的体制，促进普通公路的发展。

其实，从两项改革根本的目标来看，对于公路的发展，也要建立政府提供普遍服务的一个普通公路网络，也就是说，除了高速公路为主的收费公路网络以外，对于普通公路要体现它的公益性，它是一个公共产品，这是主要要做的工作。

国务院在制定成品油价格税费改革实施方案时，以及批准三部委关于取消政府还贷二级公路收费的文件里，对于公路的发展投融资的问题。主要有两方面：

一、原有六费，就是成品油消费税取代了公路养路费等六费的四不变的原则，即：改革后形成交通资金的属性不变，资金用途不变，地方预算程序不变，地方事权不变，也就是四不变的原则，通过成品油消费税返还给地方。这是一个方面。

二、成品油消费税收入中，现在定的是每年安排260亿元专项资金，除了我刚才在回答第一个问题时讲到的，用于支持各地取消政府还贷二级公路的债务偿还以后，还要用于普通公路的发展，也就是包括普通公路的养护管理和公路建设，这是两个原则。

那么，对于普通公路的发展，在这两个文件中也予以了明确，普通公路发展，要有明确的投融资的发展目标，即要形成各级政府投入为主，多渠道筹措资金的普通公路的投融资体制，这是我们要达到的目标。

具体讲，可能有这么几个方面：

(1)我刚才强调要体现普通公路的公益性，也就是说政府要负责来提供这个公共产品。

(2)各级政府要加大对普通公路的投入，这里面包括刚才我提到燃油税征收部分问题，增加燃油税的收入里面要安排一部分专项资金用于普通公路的发展。还有一个就是车购税的投入，对于地方也是要加大这方面的投入。

(3)处理好养护和建设的关系。经过 30 多年改革开放，经过公路的大发展，现在我国公路的存量市场是非常大的，达 373 万公里，其中大部分是普通公路，养护问题也是我们在发展中必须考虑的问题，需要我们处理好养护和建设的关系问题。

(4)要合理的界定事权，也就是要使财权与事权与之相对应。

(5)要考虑量力而行，按照科学发展观的要求，我们的能力是远远达不到需求的，所以我们还是要量力而行，要按照科学发展观的要求，要做到量力而行。

(6)要研究探讨税费改革和价格税费改革以后的新情况，探讨新的融资平台。这是对于实施成品油价格税费改革，以及取消二级公路收费以后，对于普通公路的发展，按照国务院有关要求，我们三部委总体上做了一些考虑，目前，我们三部委已经就普通公路发展的问题，分别召开了东部片区、中部片区、西部片区的有关发改委、财政部门、交通运输部门，以及地方公路管理部门座谈会，就普通公路如何发展，广泛的征求意见。

下一步我们将按照初步拟定的计划，抓紧研究有关促进普通公路发展的投融资政策，在条件成熟以后，报国务院审定。谢谢。

[经济日报记者] 在谈收费税费改革的时候，大家担心两个问题，第一个就是刚才吴晓司长回答的问题，取消税费以后，地方公路建设要怎么样来

保证,怎么样来建设?第二个问题,现在改了这个税以后,是从中央一层一层到地方,我们怎么样能够保证资金足额及时到位,能够保证公路的养护问题。

[**马敏**] 刚才吴晓司长也谈到,我理解你主要是问资金怎么及时足额的到位。关于燃油税费改革以后,体现在两个方面:

一是燃油税费改革的替代六费的问题,二是我们取消政府还贷二级公路收费问题,从资金属性上来说,都是专项资金。我们正在制定专门的《办法》,在《办法》里,都提出了对资金的拨付管理,以及对地方的财政的要求都作了明确的规定。

从我们掌握的情况看,在税费改革以后,各地资金保障的情况良好。取消政府还贷二级公路收费以后,我们已经预拨了一部分资金,保证各地在取消收费后正常的资金需求和工作运转。

至于提到的成品油消费税替代六费资金,现在变成了税,按照一般性的预付程序走,纳入预算管理的范围。

附:

出席新闻发布会的新闻机构有新华社、人民日报、中央人民广播电台、中央国际广播电台、中央电视台、光明日报、经济日报、法制日报、工人日报、中国日报、中新社、北京日报、新京报、北京交通台、央视网、中国青年报、中国经济导报、中国交通报等26家。

发布时间:2009 年 7 月 22 日上午 10 时

发 布 人:何建中　交通运输部新闻发言人、新闻办主任、政策法规司司长

主 持 人:何建中　交通运输部新闻发言人、新闻办主任、政策法规司司长

发布地点:交通运输部新闻发布厅

2009 年上半年交通运输经济运行情况新闻发布会

发布辞

交通运输部新闻发言人、新闻办主任、政策法规司司长　**何建中**

2009 年 7 月 22 日

女士们、先生们、新闻界的各位朋友们:

大家上午好!

今天是交通运输部今年的第 4 次例行新闻发布会。今天跟大家讲的主题是 2009 年上半年交通运输经济运行情况分析。下面,我从 4 个方面向大家作一个简要的介绍。

一、总体情况

2009 年上半年交通运输经济运行的总体情况,可以说平稳有序,基础设施建设明显加快,运输生产企稳向好,安全生产形势基本稳定。经济运行的主要指标分析,可以从下面 6 个方面加以说明。

(一)公路、水路交通固定资产投资速度加快,上半年完成投资 4173 亿元,同比增长 40.4%,增幅提高 36.9 个百分点。其中:公路建设完成投资 3627 亿元,同比增长 49%;内河建设完成投资 125 亿元,同比增长 29.9%;

沿海建设完成投资297亿元,同比增长5.8%。

(二)公路水路运输客运增长,货运不旺

1至5月,重点联系的公路运输企业客运量同比增长6.8%,旅客周转量增长5.2%;水运企业的客运量下降了1.5%;内河客运增长6.1%。

重点联系的公路货运企业货运量同比下降了12.9%,周转量下降了12.4%。但是,3月份以后降幅减小。重点联系的水路货运企业货运量同比下降13.2%,周转量下降13.1%,降幅逐月有所收窄。

(三)港口货物的吞吐量逐月回升,总体开始企稳向好

规模以上港口上半年完成货运量是32.7亿吨,同比增长2.6%,连续4个月保持增长。其中,外贸货物的吞吐量相对于内贸的增长来看要小得多,总体上是内贸好于外贸,大宗货物好于集装箱。从货物分类来看:煤炭及其制品的吞吐量完成6.1亿吨,同比下降了6.6%;原油的吞吐量完成1.6亿吨,同比增长了6.9%;铁矿石吞吐量5亿吨,同比增长14.4%。

集装箱的吞吐量5597万TEU,同比下降11%,降幅比一季度减少了1.3个百分点。内贸集装箱5月份开始出现增长,外贸集装箱降幅减小。

(四)航空运输小幅增长,邮政业务稳步回升

1至5月,民航运输完成总周转量160.4亿吨公里,同比增长2.9%。其中,旅客运量0.9亿人,增长15.8%。国内航线的客运增长19%,国际及港澳航线分别下降了17.4%和20%。货邮吞吐量156.7万吨,下降8.8%。

1至6月,邮政业务总量和业务收入完成765亿元和526亿元,同比分别增长13.1%和11.2%,但增幅回落7个和7.3个百分点。

(五)安全形势总体趋稳,水上交通4项指标全面下降

上半年运输船舶水上交通事故件数、死亡人数、沉船数和直接经济损失这4项指标同比分别下降11.6%、27.2%、6%和38.3%。

上半年共组织协调搜救882次,成功救助遇险人员8460人,救助成功率96.3%。

(六)灾后重建进展顺利,规划项目按期开工

汶川地震灾后公路恢复重建的规划项目,绝大部分已完成前期工作,具备条件的项目,均已落实了投资计划,并且全部开工建设。

今年已经下达了重建车购税的资金 111.5 亿元,7 月份将再下达 39.7 亿元,到今年底,将累计下达资金约 200 亿元。

截至 6 月底,四川省高速公路的恢复重建的所有项目,已完成年度投资计划的 81.5%;国省干线和重要的经济干线项目已开工 98.8%;农村公路项目已开工 91.5%。

以上是跟大家介绍的总体经济情况和 6 个方面的经济指标分析。

二、主要政策措施及其成效

(一)落实好中央新增的投资计划

去年第 4 季度,中央新增用于高速公路建设和农村公路建设的投资 100 亿元。交通运输部组织全国交通运输部门,按照完成和形成实物工作量的要求进行了项目落实,并且加强了对所做项目的督促检查。截至 6 月底,新增投资项目累计完成投资 197 亿元,累计到位资金 201 亿元。应该说这些项目的建设和实施对扩大内需,拉动相关产业的发展以及促进就业都起到了重要作用。

(二)及时出台了交通运输行业应对金融危机的政策性举措

一是制定出台了《关于进一步促进公路水路交通运输业平稳较快发展的指导意见》。有 8 个方面的具体要求,43 项举措。这是交通运输部党组既立足于解决当前困难,又着眼于长远的发展,研究推进发展中的深层次矛盾和问题的解决,积极推进交通运输结构调整,促进发展方式的转变。

二是加强内河航运建设和发展的政策性支撑。我部在 6 月 25 日与长江沿江省市召开了"长江水运发展协调领导小组第二次会议",并且联合签署了《关于合力推进长江黄金水道建设的若干意见》,而且会同财政部安排了 10 亿元中央的引导资金来推进长江干线,特别是三峡库区船舶运行的结构调整和船舶标准化的具体实施。

三是提高了中西部"少边穷"地区农村公路建设的补助标准,大力推进城乡交通一体化的发展。对于中部"少边穷"地区通村油路,部投资标准由原来的每公里 10 万元提高到 15 万元;对于西部"少边穷"地区建制村通公路,部投资标准由原来的每公里 10 万元提高到 20 万元,并不再要求县级以下安排配套资金,以及农民群众集资捐款。中央资金的引导,在一定程度上对中西部地区加快农村公路建设和发展起到了明显作用。

(三)积极贯彻国家出台的10大产业振兴规划,及时出台了行业相关的落实措施

国务院出台十大产业振兴规划中,与交通运输业密切关联的有船舶工业、物流业、汽车业等振兴规划,我部及时做出了相应任务的落实和责任的分解。会同有关部委研究支持"营运车辆燃料消耗限制超标高耗能的车辆提前退出市场"的经济补偿政策,将营运车辆纳入到"以旧换新"的范围。

支持交通运输企业根据国家鼓励的老旧车船报废更新和强制淘汰单壳油轮的政策,加速船舶的更新改造。

研究确定了基础设施、信息平台、运输组织、政策扶持等交通行业推动现代物流业发展的重点领域。

(四)着力推进交通结构调整,促进发展方式的转变

第一,优化交通基础设施结构,启动了3629公里国高网"断头路"的建设工作,在建设时序上优先,在资金保障上予以倾斜。

第二,大力开展交通节能减排,建立交通节能的统计、监测的考核体系,形成营运车辆燃油消耗限制的准入退出机制,开展道路甩挂运输,使节能减排工作在结构调整当中,进一步发挥好科技支撑的作用。

第三,统筹城乡交通运输的协调发展。具体讲:一是建立区域交通一体化的协调机制,在长三角、珠三角、京津冀这些地方抓好工作;二是开展城乡交通一体化建设,比如浙江的嘉善交通建设"六个一"工程;三是推广山东农村邮政物流的经验。

第四,推进综合运输体系建设,着力加强对综合运输体系的研究,从规划布局政策标准、机制等方面入手,探索推进加强综合运输体系建设的政策性措施。

三、上半年交通运输经济运行当中存在的主要问题

虽然,从总体上看交通运输上半年的经济运行情况是企稳向好,但是交通运输发展面临的形势,应该说还不巩固、不平衡和有一些不确定的因素。

主要问题有：

一是建设任务重、资金压力大，特别是交通基础设施建设的资金需求量比较大。如何筹集资金，落实好交通基础设施建设项目的资金，这方面工作压力比较大。

二是行业的稳定和安全生产的任务非常艰巨。城市公共交通突发事件较多，需要解决和处理的问题也比较多，需要进一步理清关系、加强管理的任务也比较重。安全工作的压力也比较大，特别是交通基础设施建设加快速度以后，无论是从施工队伍的素质、施工条件的艰难，还是企业成本等多方面的因素，交通安全的风险性也明显进一步加大。随着季节性的台风到来，水上交通安全的压力也进一步增大。

三是交通运输企业的经营形式仍然不容乐观，我们的经营形式还存在着很多不确定的因素，而且，也存在效益上的压力和经营当中的困难。

四、对下半年的交通运输经济运行的总体预测

从总体上来说，今年全年公路水路交通固定资产投资，预计将完成约10000亿固定资产投资，同比增长将达到20%。全国规模以上港口完成货物吞吐量，预计可能会达到64.8亿吨，同比大概有4%的增长度。其中，集装箱的吞吐量，预计今年可能会达到1.2亿TEU，实际的同比可能会下降在7%这样一个幅度。

这是我们对现有情况的分析预测，由于有一些不巩固、不稳定和不平衡的因素在里面，因此，这种预测也只能是一种预计。但是，我们将朝着这样一个目标来组织好下半年的交通运输经济发展的工作，特别是进一步落实中央提出的扩内需、保增长一系列或者一揽子的政策措施，抓好交通基础设施的建设。同时，进一步抓好公路、水路运输，特别是要进一步抓好落实部提出来的8条措施，强化安全生产、落实好安全责任，严防重特大交通运输安全事故的发生。同时，要进一步加快现代交通运输业的发展，促进综合运输体系的建设，使交通运输的发展真正能够实现科学发展、安全发展、快速发展和协调发展，保持经济运行的平稳做出交通运输业应有的贡献，我先跟大家通报这么多情况，下面如果大家有感兴趣的问题也可以提问。

答记者问

[**农民日报记者**] 刚才,我注意到您在介绍总体情况的时候,多次提到农村公路建设的问题,我们了解到,今年国家财政用于促进国内经济发展的总体资金达到1300亿元,其中,120亿元要投到农村公路建设上。据我们了解,农村基层干部和农民群众对农村公路建设有很多的期待,我们想问一下,交通运输部对农村公路建设有什么新的部署和举措,目前,还存在哪些问题和困难?谢谢!

[**何建中**] 农村公路建设是中央在扩内需、保增长,新增投资计划当中涉及到民生工程的重点。从去年年底以来,交通运输部按照总体的要求,加大了这方面的组织和实施力度。

另一方面,今年中央1号文件对农村公路建设又提出了比较明确的目标,也就是到2010年,全国的乡镇要通油路和水泥路;东、中部地区具备条件的建制村通油路和水泥路,西部地区具备条件的建制村也要通水泥路,这是中央今年1号文件对农村公路建设的要求。这个是什么概念呢?即全国的乡镇通沥青、水泥路现在只有88.6%,也就是说,今年和明年还有11个百分点的任务。

东、中部成建制村通油路和水泥路率是90.1%和79.8%,这个比例差距特别是中部地区差距更大一些,近20个百分点。西部地区成建制村通公路率只达到81.2%,所以说,按照中央1号文件提出来的目标压力是比较大的。因此,交通运输部门在加强农村公路建设中,提出了8条落实的意见,今年还继续开展农村公路建设质量年活动。在资金投入上,每年的车购税用于农村公路建设的投资超过了40%。

另外,前面我说到对农村公路建设的中西部地区补助标准又进行了调整,中部地区从油路每公里10万元调整到15万元,西部地区由每公里10万元调整到20万元,这都是政策上给予的措施。

我们下一步在城乡交通一体化的建设中,进一步加大农村公路建设与农村交通发展的衔接力度。当然,在农村公路建设和发展中,确实也存在着一些困难问题或者说是矛盾。从总体上讲,我觉得主要有这么几个方面的问题。

第一,资金的压力。每年农村公路建设将近 30 万公里,现在全国农村公路建设的里程已经达到了 324 万公里。农村公路建设除了国家资金或中央资金的引导外,还需要省、市、县和地方的财政配套。因此,筹措这方面的资金压力,应该说困难是比较多的,特别是中、西部地区有一些比较困难的县以下的财政,让它配套资金难度更大。所以,部里调整政策也是考虑这个因素。

第二,发展不平衡。既有地区上的、也有工程建设上的问题,还有农村公路建设养护管理方面的问题。因为,从农村公路建设目前来看,配套资金的保障、养护专项资金的落实、养护专业队伍的建立等这些方面都还存在着急需要完善和进一步解决的问题。下一步部里也将在加强农村公路建设,特别是推进城乡交通一体化战略发展当中,与交通系统一道解决好这些问题,来实现中央提出的建设社会主义新农村的目标要求。

[中国青年报记者] 从今年 2 月 21 日取消政府还贷二级公路以来,已经有 5 个月了,现在撤站的情况怎么样呢?能不能介绍一下呢?谢谢!

[何建中] 取消政府还贷二级公路收费,东、中部地区今年 2 月底之前,是第一批 5 个试点省份。4 月底之前,即“五一”之前是第二批,共 7 个省。到 5 月 1 日之前,东、中部地区的 12 个省,是一次性取消政府还贷二级公路收费。5 月 30 日,山西省也一次性取消了政府还贷二级公路的收费,东、中部地区的 13 个省一共取消了政府还贷二级收费的站点是 1420 个。从目前情况看,应该取消的收费站点全部取消了,而且,这些取消的收费站点没有发现有再继续收费的情况。

有一些省份,例如安徽、山东、福建等省,把原有的收费站改成了治理超限超载的站点。应该说,社会各界、特别是广大车主和人民群众对这一项工作的实施感到满意。应该说这项措施实施以后,对于公路的通行效率、降低车主的经营成本,在一定程度上起到了好的作用,使这一项改革比较圆满的实现了国务院确定的既定目标。

[光明日报记者] 刚才,在您发布的数字里面,我注意到今年上半年货物吞吐量有一个小幅的增长,集装箱仍然处在下降的通道里面,我想请您给我们解读一下,一升一降透露了什么信息,刚才,您也谈到交通运输部出台

了关于进一步促进公路、水路较快发展的指导意见，总共有八条措施，这些措施会给未来的交通运输发展带来什么新的机遇呢？

[何建中] 这两个问题实际上我刚才的介绍中也说到了，从港口货物吞吐量上半年的运行情况来看，一方面是大宗散货增长速度要快一些，特别是矿石上半年增长了14.4%，其中，进口铁矿石增长20%，在一定程度上对港口货物吞吐量增速的拉动，起到了比较关键性的作用。今年上半年矿石的吞吐量的增速或者说目前进口矿石的总量，实际上已经相当于去年和前年的水平。

我个人的分析判断，保持这样一个增长的速度，在下半年应该说是不确定的，也不一定是稳定的，可能会有一些反复。因此，我们在预测下半年大宗货物吞吐量的时候，也是本着这样一个思路来做出判断的。

集装箱的吞吐量一直处在一个下降的趋势中，但是，下降的幅度从今年三月份以后，每个月有一些收窄，年初是14%的降幅，后来是12%、11%，6月份是10%的降幅。前面的判断我说过，预计降幅是7%，做出这样的判断，我觉得，因为集装箱的因素特别是外贸集装箱的因素，跟国家的进出口的形势是紧密关联的。因为我国进出口货物94%以上是靠海运来实现的。

国家统计局上半年公布国家进出口总额度也是两位数的下降幅度，因此，集装箱跟这个相吻合。我的判断因为实体经济的恢复还有一个过程，特别是国际金融危机对美国乃至欧洲实体经济的影响，是不是真正的见底，我觉得很难说。欧美经济的恢复，如果不是很快，不是真正的触底反弹或者逐步上涨，我们集装箱的运输不会有大的好转，我觉得基础是不牢固的。因此，我们做出下半年降幅在7%的判断，一方面是结合国内消费拉动内需，另外，是进出口货物的降幅也是逐月在收窄这样一个形势来判断的。

交通运输部出台的公路、水路的八条指导意见，我觉得这是立足当前来解决交通运输业在发展当中，特别是应对金融危机中眼前的困难和矛盾。另一方面，是着眼于长远来解决发展中的深层次的问题，比如说这八条当中，有三条都是从调整交通运输机制、运力结构、优化运行组织、开展节能减排这些角度来制定的一些措施。这些措施都是着眼于长远，对于推进现代交通运输业的发展，真正的实现三个转变有着重要的意义。

还有一些措施是着眼于当前或者叫立足当前来解决问题的，比如说，加快交通基础设施建设的投资，这些是从拉动内需、加强市场的预测和监控来规范市场的运行秩序的，此外还有一些临时性政策的调整，我觉得，这些措施的调整都是为了解决好当前交通运输业在发展当中眼前遇到的问题。

另一方面，我认为八条措施对统一交通运输行业的思想、提高认识、上下行动、落实责任和共同应对金融危机都具有重要意义。所以，我们这八条措施既有对交通运输部机关各个司局责任的分解，也有对交通行业各单位在落实八条意见中应该采取措施的要求，这样，使我们在应对金融危机中，交通运输业的发展相对来说能够做到平稳较快，为整个国民经济的平稳较快发展做出应有的贡献。

[中国公路杂志记者] 从2004年6月20日至今，集中治理超限超载已经5年了，我们注意到近期在黑龙江、天津相继发生了桥梁事故，据我们了解，交通运输部为此在山西召开全国治超现场工作会，在会议上，我们是否将会出台相关新的办法和新的对策呢？谢谢！

[何建中] 关于治理公路超限超载是2004年开始的，当时9个部委集中治超，经过3年的集中整治，2007年开始着手建立长效机制。应该说，通过前3年的集中整治，以及2007年建立长效机制，其效果是非常明显的。从总体上看，已经有了3个下降、3个提高和1个基本解决。

3个下降：一是车辆超限率明显下降。通过3年整治，全国公路的超限率从2007年的9.9%，降到目前的6.7%。这一次在山西召开会议，山西的超限率已经降到0.2%，我说的是全国的数字，超限率总体是下降的。二是道路交通事故的死亡人数逐年下降。大家知道，道路交通事故在治理超限超载之前，每年死亡人数都在10万人以上。2008年，全国道路交通事故的死亡人数下降到7.3万人，应该说，这是首次降至10万人以下，我认为这跟治理超限超载有非常大的关联。三是运输成本明显下降。为什么这样讲呢？特别是燃油税费的改革，以及取消政府还贷二级公路收费，这使得运输成本普遍下降。另外，通过治理超限超载也使运输行为得到了规范，一些乱收费、乱罚款得到了遏制，也使公平竞争的环境得到进一步改善。

3个提高：一是公路路网的好路率相对来说是明显提高了。过去，超限超载的车多,很多路刚刚建好的路在通车不久就被压坏。所以,通过治理超限超载,路网当中的好路率明显提高。二是公路通行效率得到提高。三是运输企业的效益也明显提高。

1个基本解决:车辆的大吨小标基本得到解决。我部准备明天在山西开一个全国治理超限超载工作现场会,这也是全国几个部委联合召开的。为什么要在山西开呢?因为,山西是道路运输的大省,因为它产煤多,公路运输相对比较发达,过去超限超载也非常厉害。通过这几年开展集中整治,他们确实既尝到了甜头,也积累了经验。用李盛霖部长的话讲:他们是动真格、下工夫、效果好。

山西的经验,我认为一个是政府主导。政府亲自抓,行政首长亲自抓,而且落实到省长、市长、县长肩上。政府主导部门联动来抓,举措、力度也比较大。另一个是依法治超。山西省政府专门制定了超限超载的规定和办法,而且,配套责任处罚,颁布了一系列管理制度和规定。在法律法规上来建立支撑,避免乱罚、乱管的局面,是依法来进行治限治载的。第三个是从源头上治超。就是治理工作从货主开始,在装车的始发点开始签订治理超限超载的约法三章。是谁的问题追查到谁,根据责任进行处理。山西这几年治理超限超载处理了400多人,这是动真格的了,谁的责任该降职降职、该撤职撤职、该处分处分。这次会议,我们试图在总结经验的基础上,进一步完善治理车辆超载超限的长效机制。

至于说到6月29日黑龙江铁力西大桥压塌的事故,以及包括前几天天津市津晋高速公路塘沽收费站高架桥垮塌造成5辆车掉下来的事故。大家都比较关注事故的进展情况,目前,事故还在调查之中。高速公路设计荷载通常为55吨,从我们掌握的情况来看,车辆超载比较严重。我们也在进一步加强车辆超限超载的治理,通过这次山西会议也是想总结经验,进一步提高认识和加大监管力度,完善法规和制度,真正建立起有效的长效机制。我部正在配合国务院法制办抓紧制定《公路保护条例》。

[北京日报记者] 我想问一下,关于推进长江黄金水道建设有没有一个明确的计划,比如说,它实施的目标、大概的时间和投资情况呢?

[何建中] 第一,党中央、国务院高度重视长江黄金水道的建设。目

前，从形式上是建立了部省联动的工作领导小组，沿江 7 省 2 市和交通运输部每年有一次联席会议，共商长江黄金水道的建设和发展对策。

第二，交通运输部的规划政策曾经提到，在 2020 年实现长江航运现代化的指标要求，详细的指标在交通运输部政府网站可以查到。

第三，这次会同财政部，中央有一个资金引导的政策，就是 10 个亿，这是所谓用中央投资来调整长江的运力结构。特别是三峡库区船型标准化的改造。其目的是什么呢？关于长江航运的发展，当然既有经济方面的因素，也有安全方面的考虑。从航道、航运这两方面都要适应沿江经济发展的需要。所以，它必然对长江干线和三峡库区的运力相配套提出了新的要求，这样，我部也有责任从总体上来提出这方面规范性的要求。沿江各省在中央资金的支持下，也有较大的配套资金，这样共同来推进长江干线特别是三峡库区运力结构的调整。

第四，关于航道的整治。长江黄金水道航道是一个载体，交通运输部在长江深水航道的建设、南京以下深水航道的建设、长江中游的航道整治和三峡库区航运内规范性的建设等，都是为配合沿江经济的发展，更好地发挥水路运输的运能大、效率高、节能、环保的优势。

我部在总体的交通基础设施目标规划中，也把内河航运的建设作为重点项目，无论是从资金投入上，还是从规划和项目组织的实施上，都有一些具体措施和要求。

今天上午的发布会就到这里，谢谢大家来参加今天的发布会，谢谢大家！

附：

出席新闻发布会的新闻机构有新华社、中央人民广播电台、中央国际广播电台、中央电视台、农民日报、光明日报、中国青年报、经济日报、法制日报、工人日报、中国日报、北京日报、中新社、新京报、北京交通台、央视网、每日经济新闻、中国交通报、中国公路杂志等 25 家。

发布时间：2009 年 8 月 14 日上午 10 时

发 布 人：刘　君　国家邮政局办公室主任

任建华　交通运输部综合规划司副司长

成　平　交通运输部公路局副局长

程　武　交通运输部水运局副局长

徐亚华　交通运输部道路运输司副司长

郑和平　交通运输部海事局副局长

丁平生　交通运输部救捞局副局长

主 持 人：柯林春　交通运输部政策法规司副司长、新闻办常务副主任

发布地点：交通运输部大楼 5 层会议室

新中国成立 60 周年——公路、水路交通运输建设成就新闻通气会

情况介绍一

国家邮政局办公室主任　刘　君

2009 年 8 月 14 日

各位记者朋友们：

上午好！大家知道，邮政行业是国家重要的社会公用事业，是国家不可缺少的基础性行业。中国现代邮政创建于 1896 年，距今已有一百多年的历史。1949 年新中国成立以后，特别是 1978 年中国实行改革开放以来，邮政行业在党和国家正确方针政策的引导下，经过广大邮政干部职工的共同奋斗，取得了辉煌成就。邮政行业各企业为社会提供多种类型的邮递（寄递）服务，既包括满足社会普遍服务需求的基本邮递服务，也包括多层次、多样

化的快递服务。60 年来,邮政行业联系着千家万户,网络规模、技术层次和服务水平与以前相比,都发生了质的飞跃,呈现出持续、快速、健康发展的良好局面,在国民经济和社会发展中发挥着重要作用。

(一)邮政行业实现了跨越式发展

1. 邮政行业总体保持快速发展态势

建国 60 年来,邮政行业总体保持快速增长的态势,邮政行业业务收入从 1950 年的 6209 万元,增长到 2008 年的 960 亿元,增长了 1546 倍,年均增长 13.5%。

上世纪 80 年代初,国家制定了到 2000 年国民经济翻两番的发展目标,原邮电部适时调整发展速度,1984 年,提出了以 1980 年为基础到 2000 年邮电通信翻三番的超前发展目标。1985 年,我国邮电通信的发展速度,开始超过国民经济的增长速度,这是一个重大的转折,使邮电通信长期滞后于国民经济的状况彻底发生改变。

上世纪 90 年代开始,随着市场经济的推进,一些企业和个体经营者,开始逐步介入包裹寄递业务领域,邮政业务由邮政企业一家垄断的状态已慢慢改变。进入 21 世纪后,随着非邮政快递企业迅速发展和快递市场的形成,市场主体逐渐多元化,邮政行业形成了国有、民营、外资共同发展的新格局。

2. 网络能力明显增强

解放前,全国仅有邮政局、所 26328 处;全国不少地区的邮运只能靠马运人扛,生产效率十分低下。60 年来,邮政部门依靠科技进步发展邮政事业,邮政通信网的技术装备和通信能力逐步提高。1958 年国庆节前夕,在北京八面槽开办了我国第一个自动化实验邮局。上世纪 50、60 年代,先后研制成功邮票、报纸等自动出售机和包裹收寄机;上世纪 70 年代,研制成功了包裹分拣机和程控取包机械手;1981 年研制成功自动信函分拣机,邮件处理逐步走向机械化、自动化。

2008 年,邮政行业拥有营业网点 6.9 万处,从业人员 97.3 万人。全国邮路总数 2.1 万条,总长度(单程)369 万公里;实现了航空、铁路、公路、水路等多种运输手段的综合利用。我国的邮政网络已经成为世界规模最大的邮政网络之一。

近几年来,邮政形成了以邮航为骨干,地面快速汽车、火车邮路为支撑,覆盖26个省(区、市)、304个地、市的集散式立体快速运输网络,提高了网路运行效率。一是加强了邮政航空网的建设。EMS实施全夜航,实现了国内200多个主要城市的次日递。在重点区域组建次晨达网络,大大加快了邮政EMS的传递速度,提高了市场竞争力,提升了品牌形象。二是组建了六大物流区域集散网,组开了行邮专列。实现了物流集散网在30个省(市)间的互联互通,降低了运行成本。三是实施畅销报刊大提速,使各类邮件尤其是畅销报刊的传递速度大大加快。四是加大了基层网点局、所的改造力度,2001年建成了具有世界先进水平的邮政综合计算机网,联网网点达到2.2万个。依托综合计算机网,建成了185跟踪查询系统、183电子商务网站,开发了覆盖全国所有县以上城市的电子汇兑系统,实现了全国97%以上县、市的邮政储蓄绿卡通存通取。

各快递企业也都在逐渐完善网络体系,在信息化水平不断提高的协助下,提高网络的运行效率和能力。

3. 业务种类日益丰富

随着社会发展和市场经济的不断发展,邮政部门相继开发出许多新业务。1985年,成立了中国速递服务公司(EMS),开办了特快专递业务;1986年,恢复办理邮政储蓄业务,逐步明确了邮务类、速递物流类、金融类三大业务板块的发展思路。

邮政企业转变经营观念,走出绿色围墙,把为用户提供多层次、多样化的邮政服务,作为业务经营的出发点,在注重传统业务创新挖潜的基础上,不断开发适销对路的账单函件、混合函件、邮送广告、企业明信片、电子汇兑、快递包裹、直递包裹、同城物品配送等新型业务。不断丰富和完善名址库建设,数据库营销已逐渐被市场接受。

2003年,成立的中邮物流公司,确立了一体化物流、中邮快货、农资分销三大物流业务板块的产品定位和服务对象,拥有了摩托罗拉、戴尔、雅芳等大客户群体,在IT电子、化妆品、医药、汽车配件四大行业,初步确立了领先地位,树立了中邮物流品牌的行业地位,连续3年进入国内物流百强前3名。各快递企业在激烈的市场竞争中,不断开发出网络购物、电子商务等新的业务增长点,保持了快递业务持续快速发展的态势。

(二)邮政普遍服务得到忠实履行,服务水平稳步提高

建国60年来,中国邮政始终牢记"人民邮电为人民"的服务宗旨,始终忠实地履行邮政普遍服务义务,努力满足社会用邮需求。2008年,中国邮政函件业务量完成了73亿件,包裹业务量完成了7937万件,报纸业务量完成了163亿件,杂志业务量完成了10亿件,汇兑业务量完成了2.6亿笔。邮政普遍服务水平稳中有升。城区每天邮件投递频次均在1次以上,发达城市投递频次可达2、3次;农村地区部分乡镇每周邮件投递频次达到5、6次,交通困难的偏远地区,每周投递2、3次不等,基本能适应现阶段群众对邮政服务的要求。

构建了覆盖城乡、遍布全国的邮政网络。2008年,全国农村地区邮政局、所、代办点合计4万处,占全国总数的70%;农村地区邮路和投递线路共11万条,农村地区邮路和投递线路长度(单程)共421万公里。农村邮政局、所不仅向广大农民提供信函、包裹寄递和汇兑、报刊订阅等基本邮政服务,还承担党报、党刊发行、机要通信等任务。

农村邮政服务领域不断拓展。邮政企业积极发挥网络优势,服务"三农",参与农资配送服务。山东邮政初步形成了产品、标识、配货渠道、产品价格、服务标准、经营"六统一"的管理模式,"连锁经营+配送到户+科技服务"的经营模式,有力地支持了社会主义新农村建设,促进了邮政企业发展壮大。2009年5月25日至26日,全国推广山东邮政发展农村物流经验现场会在青岛召开,山东邮政的做法和经验在各地得到推广。

新中国成立60年来,无论在计划经济还是市场经济条件下,邮政部门始终坚守"人民邮电为人民"的核心价值观,在抗击洪水、地震等特大自然灾害,应对"3·14"藏独、新疆"7·05"重大突发事件,迎接香港和澳门回归、奥运会服务等重要活动中,保证了邮路畅通,发挥了重要作用,实现了自身价值。在邮政服务中涌现出了王顺友、尼玛拉木、全二平、沈智慧等全国先进典型,创建了北京东四邮电局这样全国服务行业50年不褪色的旗帜。

(三)快递基础性产业作用逐步发挥 市场环境不断优化

快递是邮政业的核心业务之一,快递服务的发展所代表的是邮政业市

场化改革的方向。进入新世纪以来,快递服务持续较快发展,服务经济社会发展的基础性产业作用逐步发挥,对国民经济的促进作用逐步显现,带动就业作用越加明显。2008 年,我国登记备案的快递企业已达 5000 余家,从业人员 23.1 万人。快递业务自 2007 年邮政体制改革以来,一直保持较快发展态势。2007 ~ 2008 年,邮政业业务总量平均增长 12.2%,业务收入平均增长 15.5%,而快递业务量平均增长达到 22.7%,快递业务收入平均增长达到 18.6%。即使是在受到国际金融危机严重影响的去年,由于法规建设的不断完善和发展环境的不断改善,电子商务配送和代收货款等新兴业务的拉动作用明显,快递业务量仍保持了两位数以上的增幅。2008 年,全国快递业务收入完成 408.4 亿元,占邮政业总收入的比重已达 43.2%。

快递业务在快速发展的同时,需要努力解决制约发展的瓶颈问题;同时经营秩序也亟待规范,服务质量有待提高。2007 年国家邮政局重组以来,在调查摸底的基础上,出台快递服务行业标准,统一服务规范;启动快递市场统计工作,引导企业发展;颁布实施《快递市场管理办法》,推进依法管理;推动成立各级快递行业协会,强化行业自律。2008 年,我国共有 11 家快递企业荣获省级"青年文明号"荣誉称号,快递服务水平得到提高,行业自律初显成效。

(四)邮政行业管理的有效性明显增强

重组后的国家邮政局,坚持把促进行业发展作为邮政监管的第一要务,着力推进法规体系、监管体系和支撑体系的建设。

1. 推进法制建设,加强行业规划指导

一是以交通运输部令的形式颁布了《快递市场管理办法》和《邮政普遍服务监督管理办法》,出台了《禁寄物品指导目录及处理办法》等一批规范性文件。二是 2009 年 4 月 24 日,《中华人民共和国邮政法》(修订)经全国人大常委会表决通过,将于 10 月 1 日起施行。新《邮政法》第一次在立法层面明确提出了邮政普遍服务和快递市场准入的制度设计,以法律的形式固化了邮政体制改革的成果。三是编制发布了《邮政业"十一五"规划》和珠三角、长三角快递服务区域发展规划,明确了发展的指导思想、目标任务、重要工程和实施的政策措施。四是建立了邮政行业统计报表制度,构建了行业统计体系，为监控行业的发展运行提供了保障。

2. 强化普遍服务监督

一是研究制定与新邮政法相配套的《邮政普遍服务标准》，为开展监督奠定基础；二是加强政府监督和指导，深入基层邮政企业开展服务质量检查，针对发现的问题向邮政企业发送《邮政普遍服务意见书》，促进问题及时整改；三是强化企业内控机制，督促企业建立健全普遍服务和特殊服务视察检查机制，及时了解服务情况，自觉接受社会监督；四是充分发挥2400名社会监督员作用，有重点、有步骤地开展普遍服务和特殊服务监督，社会监督力量地市覆盖率达100%，县市覆盖率达57.5%。

3. 强化快递市场监管

一是摸清行业底数，夯实监管基础。会同国家统计局开展了首次全国范围的快递企业调查统计工作，基本掌握了我国快递服务的发展情况，并建立了行业统计制度。组织各类快递企业共同制定了《快递服务》标准，填补了快递服务规范的空白；二是研究建立快递市场准入制度。会同有关部门通过对《邮政法》的修改、制定《快递业务经营许可管理办法》，研究快递市场准入和快递企业分级管理、分类指导的制度。三是构建行业自律、社会监督和政府监管三位一体的监管体系。在全国31个省（区、市）组建了省级快递协会，今年2月，又推动成立了中国快递协会，完善了快递企业自律的组织；在全国聘请了100名快递市场社会监督员，重点监督快递服务质量；在国家邮政局组建了消费者申诉中心，解决消费者与企业之间的服务争议。四是高度重视邮政通信和信息安全管理。配合国家安全、公安、海关、工商等部门，建立了邮政和信息安全监管长效协作机制。

（五）对外交流合作不断拓展，国际地位明显提升

1972年4月13日，万国邮联恢复了中华人民共和国的合法席位，新中国邮政重返世界邮政大家庭。1972年后，我国一直当选为万国邮联经营理事会理事国和行政理事会理事国（1984～1989年按规定轮空一届）。我国1999年成功地举办了第22届万国邮联大会；多次与邮联合作举办各种国际会议，促进邮联成员国之间的交流与合作。在2008年召开的第24届万国邮联代表大会上，我国推荐的黄国忠成功竞选连任国际局副总局长，进一步巩

固了中国在万国邮联的地位。在平等互利原则下,中国邮政与150多个国家和地区建立了直接通邮关系。中国邮政参加万国邮联EMS合作机构、“卡哈拉合作组织”,加强了国际与地区间的合作。

(六)实现对台全面直接通邮

在多年工作基础上,邮政部门按照中央的部署,抓住两岸关系发生重大变化的机遇,适时与台湾邮政部门就推动两岸全面直接通邮进行了多次实质性商谈,为签署《海峡两岸邮政协议》奠定了坚实的基础。在协议签署10天后,即组织海峡两岸邮政部门就落实协议议定事项进行了具体商谈,双方以确保在40天内实现直接通邮为目标,相互体谅,相互理解,达成共识,签署了会议纪要。12月15日,两岸全面直接通邮仪式顺利举行,两岸“三通”变为现实。

目前,两岸水陆路总包邮件量呈稳步增长趋势。截至2009年6月30日,福建已出口总包邮件累计8418袋,总重达151735.2千克。为便利两岸人民寄递物品,福州市邮政局从2009年7月1日起,按照中央赋予海西的“先行先试”政策,利用“两马航线”先期开办了福建省和台湾地区互寄的包裹业务,尽量简化通关手续,增加通关频次,加快了两岸邮件传递时限。

情况介绍二

交通运输部综合规划司副司长 **任建华**

2009 年 8 月 14 日

各位记者朋友们：

大家好！我的发言主要分三个部分。

一、建国以来公路水运交通发展规划的历史回顾

建国以来，我国公路水运交通规划经历了从无到有，从形成、发展到逐步完善的历史过程。与我国经济社会发展和经济体制改革的历史步伐相适应，我国公路水运交通发展规划经历了改革开放前和改革开放后两大历史时期。在每一个发展阶段，公路水路交通发展规划呈现出不同的历史特征。

（一）改革开放以前（1949 年～1978 年）的公路水运交通发展规划

改革开放以前，我国先后经历了国民经济恢复时期、“一五”、“二五”、“三五”和“四五”等历史时期。为了满足国民经济发展、国防建设以及战备工作的需要，从 1958 年起，交通部先后制订了公路水运交通发展的短期规划和中期发展规划。“二五”时期，交通部制定了《全国河运网干线布局》，提出了全国河运网干线及各地主要航道发展远景的初步设想。“三五”时期，首次制订全国公路国道网建设规划，并提出了《关于“三五”全国公路国道网建设规划的实施方案（草案）》。同时加强水运规划，发布了《关于水运规划工作的情况和今后任务的报告》，提出了 12 项水运规划任务。“四五”时期，提出了建设“适应战争和经济发展需要的四通八达的公路网”和“社社通汽车”的公路交通发展设想；编制了《内河航道建设的初步意见》和《“五五”港口建设规划》；首次制定长江水系开发规划，形成了《关于开发建设长江水系航运规划初步方案》，提出到 1985 年把长江水系建设成为“沟通城乡、干支直达、江海互通、水陆联运、四通八达”的水运网。此外，交通部还制订了《1963

年至1972年远洋运输远景规划》、《1963～1972年交通科学技术事业发展规划(草案)》、《1963～1972年航海科学技术发展规划(草案)》、《1976年至1985年公路交通发展规划》等中期发展规划。

改革开放前,我国公路、水路交通发展规划尚处于起步阶段。交通发展规划的历史使命在于满足国民经济发展、国防建设和战备工作的需要。交通发展规划以短期规划和中期发展规划为主,交通发展思想、理念和政策措施,集中体现在五年建设计划之中。期间,形成了全国公路国道网建设规划设想,初步确立了包括内河水运和沿海港口建设规划在内的水运规划体系,为改革开放以后公路水运交通发展战略的提出以及中长期发展规划的制定奠定了基础。

(二)改革开放以后(1979年～2009年)的交通发展规划

改革开放以来,我国经历了"五五"至"十一五"7个五年规划的历史时期。在这一阶段,党和国家高度重视交通建设,把交通发展列为国民经济发展的战略重点。为促进公路水运交通的现代化发展,交通部加强了交通发展战略、发展规划和发展政策研究,进一步明确了交通发展战略,制订了一系列中长期发展规划。

20世纪70年代末,交通部制订了《关于实现交通运输现代化的汇报提纲》,首次研究我国公路水运交通运输现代化发展战略。该提纲首次把我国高速公路建设问题提上政策议程,并提出建设"以高速公路和国防、经济干线为骨架的现代化公路网"和建成"一个江、河、湖、海四通八达的水运网"的现代化发展目标。80年代初期,划定了国家干线公路网;20世纪80年代末期,提出了公路水运交通发展的"三主一支持"的战略构想。即以"建立综合运输体系为主轴的交通业"为指导思想,按照"统筹规划、条块结合、分层负责、联合建网"的方针,从"八五"开始,用30年左右的时间,建设公路主骨架、水运主通道、港站主枢纽和交通支持系统。20世纪90年代,进一步完善了"三主一支持"的规划体系,编制了国道主干线系统规划、水运主通道规划和港站主枢纽规划。在1998年全国交通工作会议上,制定了我国社会主义初级阶段公路、水路交通发展实现现代化的三个发展阶段的目标。

进入新世纪,交通部进一步明确了公路水运交通现代化发展战略,制订了《公路水路交通发展的三阶段战略目标》和《公路水路交通发展战略》。与此同时，继续健全公路水运交通发展的中长期规划体系。2005 年至 2007 年间，交通部先后制定了《国家高速公路网规划》、《农村公路建设规划》、《全国沿海港口布局规划》、《国家公路运输枢纽布局规划》、《全国内河航道与港口布局规划》和《国家水上安全监督和水上救助系统布局规划》等国家级规划，确立了完整的公路水运交通发展国家级规划体系。此外，为贯彻落实国家区域化发展战略，交通部还制定了一系列区域交通发展规划。继《加快西部地区公路交通发展规划纲要》和《西部地区内河航运发展规划纲要》之后，2004 至 2006 年间，交通部先后制定了《长江三角洲地区现代化公路水路交通规划纲要》、《振兴东北老工业基地公路水路交通发展规划纲要》、《促进中部地区崛起公路水路交通发展规划纲要》、《泛珠江三角洲区域合作公路水路交通基础设施规划纲要》和《海峡西岸公路水路交通基础设施发展规划指导意见》以及《环渤海地区现代化公路水路交通基础设施规划纲要》，进一步充实了公路水运交通发展的中长期规划体系。

改革开放至今，是我国公路水运交通发展规划逐步完善并趋于成熟的历史时期。在这一阶段，交通发展规划以促进公路水运交通的现代化发展为宗旨，确立了我国公路水运交通现代化发展战略，形成了国家级交通发展规划和区域交通规划为主体的公路水运交通发展中长期规划体系，为我国交通运输事业又好又快发展提供了有力的支持。

二、新中国成立以来公路水运交通发展规划的主要成就

（一）主要成就概述

经过了 60 年的发展，公路水运交通规划工作取得了长足的进步。主要体现在以下三个方面。

第一，建立了比较完善的规划体系。从时间上看，既有短期的五年计划，也有中长期发展规划；从空间上看，既有国家级规划，也有区域发展规划和专项规划；就内容而言，涉及高速公路、干线公路、农村公路、沿海港口、内河航道以及港站枢纽等公路水运交通运输网络的各个方面；就性质而言，既有基础设施建设规划，又有行业发展规划。

第二,树立了比较科学的规划理念。规划的重心从注重基础设施建设到注重全行业的发展转变,从重视交通供给能力和投资效率的提升向提高供给水平和资源综合利用效率转变,从重视交通发展速度和规模到重视提高交通发展的质量和优化交通发展的结构转变。规划的视角从关注行业内部关系的处理到关注行业外部的协调,从注重单一运输方式的发展到注重综合运输体系的建构,从关注国内交通发展到注重国际交通发展的比较。

第三,形成了比较成熟的规划方法和技术。公路规划领域引进了"四阶段"规划法,形成了"总量控制法"和"逐层展开+单因素分析"等科学实用的规划方法。水运规划方面,在专家咨询、趋势分析、产运消平衡等传统研究方法的基础上,更多地应用了系统分析、计量经济学、情景分析、数学规划等科学方法。此外,针对不同流域、海岸环境的特点,还建立了规范的前期勘察、科学实验的研究方法和工作程序,地理信息系统(GIS)、卫星遥感、数学和物理模型试验等新技术手段广泛应用,大型深水港建设、深水航道整治等规划技术取得巨大突破,部分领域已处国际先进水平。

第四,确立了比较规范的规划工作制度。新中国成立以来,我国公路水运交通规划工作制度不断完善,推动了规划工作日益制度化和规范化。《公路法》、《港口法》和《航道管理条例》等规定的制定,以法律、法规的形式确立了公路、水运交通规划的重要地位,并提出了规划工作的基本原则。与此同时,交通部颁布了《公路网规划编制办法》、《港口总体布局规划编制办法》、《港口规划管理规定》等部门规章,对交通规划的编制、审批、公布、修改与实施管理活动等作出了明确的规定,进一步提高了交通规划工作的规划性。

(二)公路交通规划主要成果介绍

1. 国道网规划

1981 年 11 月,国务院授权国家计委、经委和交通部以《关于划定国家干线公路网的通知》的形式批准了《国家干线公路网(简称国道网)试行方案》。国道网是在既有各省公路基础上划定而成,共 70 条线路,长 10.92 万公里。主要由以下线路组成:(1)由首都通向并连接各省(区、市)政治、经济中心和 50 万人口以上城市的干线公路;(2)通向各大港口、铁路干线枢纽、重要工农业生产基地的干线公路;(3)连接各大军区之间和具有重要国防意义的干线公路;(4)连接省际之间和省内个别地区的重要干线公路。1993年交通部对国道网做了局部调整。调整后的国道网路线由70条减为68条,总里程由10.92万公里下降至10.62万公里。

国道网规划是在全国公路普查数据基础上形成的,该规划在1981年划定之初所涉及的国道里程不到全国公路总里程1/8,却担负着全国约1/3的交通量和1/3以上的公路运输量,是全国公路网的主骨架,具有重要的政治、经济和军事意义。调整后的国道网,更好地兼顾了地区经济发展、对外开放和环境保护的现实需要,路网布局更趋合理。国道网的划定对指导我国上世纪80~90年代的公路建设发挥了重要作用。

2. 国道主干线系统规划

1992年,为破解全国交通运输全面紧张的难题,交通部在"三主一支持"长远规划构架的基础上编制了国道主干线系统规划。国道主干线系统由"五纵七横"12条路线组成,总规模约3.5万公里,规划为二级以上高等级公路标准,其中2.5万公里为高速公路。"五纵"约为1.5万公里,由5条自北向南纵向高等级公路组成:同江—三亚,北京—福州,北京—珠海,二连浩特—河口,以及重庆—湛江等;"七横"总里程约2万公里,由7条自东向西横向高等级公路组成:绥芬河—满洲里,丹东—拉萨,青岛—银川,连云港—霍尔果斯,上海—成都,上海—瑞丽,以及衡阳—昆明等。国道主干线系统建设跨越了"八五"至"十一五"的四个五年计划,于2008年上半年已基本建成通车。

"五纵七横"国道主干线布局规划将全国重要城市、工业中心、交通枢纽、主要陆上口岸以及所有特大城市(人口100万以上)和93%的大城市(人口50万以上)连接在一起,逐步形成一个与国民经济发展格局相适应、与其他运输方式相协调的快速、高效、安全的国道主干线系统。国道主干线系统规划指导了近20年的公路建设,推动了高速公路迅速发展,使我国高速公路用了十几年的时间完成了发达国家30~40年才能走完的路程。

3. 省域30年公路网规划

在交通部的统一部署下,90年代中期各省(市、区)组织相继完成省域

1990～2020年公路网规划(简称30年路网规划)。30年路网规划是各省第一次系统研究本地区公路网长远发展规划,对指导本地公路建设发挥了重要作用,同时也为后来编制各级各类公路网规划打下了技术基础。

4. 国家高速公路网规划

为指导全国高速公路建设,交通部于2002年开始组织编制《国家高速公路网规划》,并于2004年经国务院审议通过颁布实施。国家高速公路网由7条首都放射线、9条南北纵向线和18条东西横向线组成,简称为"7918网",总规模约8.6万公里。到2008年年底,国家高速公路网建成4.9万公里,接近规划里程的53.5%。国家高速公路网规划为我国高速公路持续健康有序发展提供了保障。

5. 农村公路建设规划

加快农村公路的发展,是解决好"三农"问题的重要前提和基础条件。2003年,为贯彻中央农村工作会议精神,交通部组织编制了《农村公路建设规划》,并于2005年正式完成。规划提出本世纪前二十年农村公路建设总体目标是:全面完成"通达""通畅"工程,农民群众出行更便捷、更安全、更舒适,适应全面建设小康社会的总体要求。到2020年,具备条件的乡镇和建制村通沥青(水泥)路,全国农村公路里程达到370万公里,全面提高农村公路的密度和服务水平,形成以县道为局域骨干、乡村公路为基础的干支相连、布局合理、具有较高服务水平的农村公路网,适应全面建设小康社会的要求。《农村公路建设规划》明确了我国农村公路发展的方向和目标,对农村公路建设具有重要指导意义。

6. 公路运输枢纽规划

(1)《全国公路主枢纽布局规划》

为解决公路运输站场设施落后、功能单一、组织化程度低、信息不灵、联运能力差、运输效率低等问题,交通部根据"三主一支持"长远规划设想,1992年完成了《全国公路主枢纽布局规划》,确定了45个公路主枢纽。从覆盖面看,公路主枢纽规划涉及全国所有省会城市和80%的100万以上人口的特大城市;从地理分布上看,东部地区占55.6%,中部地区占22.2%,西部地区占22.2%,相邻主枢纽间的平均间距,东部为200～300公里,中部为

300～400公里，西部为500公里以上，符合国道网、全国公路网、国道主干线系统东密西疏的特点，也与东、中、西三个地带经济发展水平相适应；从在综合运输体系中的作用看，45个公路主枢纽均位于两种或两种以上运输方式交汇处，其中有24个位于枢纽港所在城市，有28个位于铁路枢纽所在城市，有43个位于航空港所在城市，沿海主要港口、铁路大枢纽和国际空港基本全部包含在内，有利于多种运输方式的有机衔接，有效促进综合运输系统的形成和发展。

(2)《国家公路运输枢纽布局规划》

为适应新时期公路交通发展的要求，加快国家公路运输枢纽的建设，在1992年《全国公路主枢纽布局规划》的基础上，2007年交通部公布了《国家公路运输枢纽布局规划》。规划将原45个公路主枢纽全部纳入布局规划方案，共确定179个国家公路运输枢纽，其中东部地区61个、中部地区56个、西部地区62个；覆盖60%地级以上城市，遍及84%国家开放口岸，涉及所有沿海主要港口。

(三)水运交通规划主要成果介绍

1.水运主通道总体布局规划

1995年10月，交通部召开了全国内河航运建设工作会议，明确了我国水运主通道的总体布局。按照我国生产力布局和水运资源"T"形分布的特点，从"八五"开始，重点建设贯通东南沿海经济发达地区的海上运输大通道和主要通航河流的内河航道，确立了"两纵三横"的水运主通道总体布局。"两纵"是沿海南北主通道，京航运河、淮河主通道；"三横"是长江及其主要支流主通道，西江及其主要支流主通道，黑龙江、松花江主通道。

这些主通道连接17个省会、中心城市，24个开放城市，以及5个经济特区。其中，沿海主通道为辽宁丹东至广西防城的南北沿海运输线；内河主通道则是由20条内河航道组成的航道网，约1.5万公里，占全国通航里程的14%。

2.《全国港口主枢纽总体布局规划》

20世纪90年代初，为深化"三主一支持"的长远规划设想，交通部于1993年底完成了《全国港口主枢纽布局规划》。《规划》提出在沿海建设布局20个主枢纽港，即：大连、营口、秦皇岛、天津、烟台、青岛、日照、连云港、上海、宁波、温州、福州、厦门、汕头、深圳、广州、珠海、湛江、防城、海口等港口；全国内河建设23个主枢纽港口，即：宜宾、重庆、宜昌、城陵矶、武汉、九江、芜湖、南京、镇江、南通、襄樊、长沙、南昌、济宁、徐州、无锡、杭州、南宁、贵港、梧州、肇庆、哈尔滨、佳木斯等港口。

这43个港口主枢纽覆盖了沿海14个开放城市、4个经济特区、海南经济特区的省会城市以及水运主通道上全部省会城市和大中城市的66%。这一规划在指导"八五"、"九五"港口建设和发展中发挥了重要作用。

3.《全国沿海港口布局规划》

根据《中华人民共和国港口法》的要求，为了更好的开发和利用港口资源，完善国家综合运输网络，促进沿海港口向规模化、集约化、现代化方向发展，2006年11月国务院公布了《全国沿海港口布局规划》。《规划》明确提出要打造环渤海、长三角、东南沿海、珠三角和西南沿海5个港口群，强化群体内综合性、大型港口主体作用，形成煤炭、石油、铁矿石、集装箱、粮食、商品汽车、陆岛滚装和旅客运输等8个运输系统布局。

4.《全国内河航道与港口布局规划》

为贯彻落实科学发展观，更好地指导内河水运健康发展，充分发挥内河水运占地少、运能大、能耗低、污染小的优势，完善综合运输体系，促进水资源综合开发利用，2007年国务院公布了《全国内河航道与港口布局规划》。《规划》提出到2020年建成由"两横一纵两网十八线"组成的1.95万公里国家内河高等级航道。在水资源较为丰富的长江水系、珠江水系、京杭运河与淮河水系、黑龙江和松辽水系及其他水系，形成长江干线、西江航运干线、京杭运河、长江三角洲高等级航道网、珠江三角洲高等级航道网、18条主要干支流高等级航道和28个主要港口布局。

这个《规划》涉及20个省(区、市)，预计到2010年我国内河航道通过能力将比2005年提高约40%，2020年我国内河航道通过能力将比2010年翻一番。

在《全国沿海港口布局规划》、《全国内河航道与港口布局规划》等规划指导下，一批大型专业化原油、铁矿石、煤炭、集装箱码头和沿海深水航道工程相继建成并投入使用。长江口深水航道治理二期工程圆满完成,三期工程进入攻坚阶段。长江干线、西江航运干线、京杭运河及长江三角洲、珠江三角洲航道网建设取得显著进展。以长江黄金水道为重点的内河水运建设稳步推进。水路基础设施有效供给总量明显增加、结构更趋合理、质量明显提高,水路运输紧张状况得到总体缓解,对国民经济的制约状况得到总体改善。

三、建国以来公路水运交通规划工作的基本经验

建国以来,我国公路水运交通发展规划取得了显著的成果,交通规划工作也积累了许多宝贵的经验。总的来说,可以概括为以下四点。

(一)要树立科学的规划理念

要制定科学合理的交通发展规划,首先要找准规划的定位,明确交通规划的基本任务,树立科学的规划理念。

首先,要重视交通发展战略和政策研究,为交通规划的制定提供扎实的研究基础。公路水运交通发展规划要与经济社会发展和国防建设需求相适应,要与国家发展战略和重大方针政策相匹配,要与公路水运交通发展的基本规律相吻合。其次,公路水运交通发展规划要为以履行交通行政职能为己任。建国60年以来,以经济体制改革为契机,我国政府经历了"全能政府"向"有限政府"转变的历史过程,逐步形成了与市场经济建设相符合的政府职能框架,即"经济协调、市场监管、社会管理和公共服务"。交通行政职能重心逐渐从由"管企业"向"管行业"倾斜,由"管微观"向"管宏观"转变、由"抓生产经营活动"向"抓好行政管理"转变。与此对应,交通规划的重心也应从基础设施建设规划到行业规划转变。交通规划要为公路水运交通行业发展服务,为社会公众服务。

(二)要注重规划的衔接与协调

要以构建综合运输体系为目标,做好公路水运交通发展规划与其他交通发展规划的衔接工作。要充分考虑公路水运交通在国家综合运输体系中的重要作用,加强公路、水运、铁路、民航、邮政、管道等各种运输方式的衔接。此外,交通发展规划还要与国家的产业布局规划、区域发展规划、土地

利用规划、城市建设规划、水利发展规划、海洋功能区划等相关规划的协调。

（三）要加强规划的实施管理

公路水运交通基础设施建设应贯彻"先规划、后建设"的原则，具体的建设项目应当与交通发展规划相符。重大建设项目决策应当以既有的交通发展规划为依据，不论是资金的来源和投资主体，还是项目的核准与审批中都要符合既有的规划。经批准并公布的各类交通发展规划，不随意更改。规划的修订应当建立在充分调查论证的基础上，要有充足的现实依据，并按照规定程序重新审批。

（四）要不断改进规划的技术和方法

要改进规划技术和方法，不断提高交通发展规划的科学性、针对性和实用性。要不断完善基础设施建设布局规划和行业发展规划的相关理论、技术和方法。要开阔规划视野，丰富规划理念和规划内涵，不断提升交通规划的技术水平，以进一步发挥规划在引领行业发展上的积极作用。

情况介绍三

交通运输部公路局副局长 **成 平**

2009年8月14日

各位记者朋友们：

大家好！中华人民共和国走过了60年光辉历程。半个多世纪以来，广大交通运输系统干部职工在党中央、国务院的正确领导下，在各级党委政府和广大人民群众的大力支持下，自力更生、艰苦奋斗、开拓进取、顽强拼搏，使我国公路交通发生了翻天覆地的巨大变化，在促进国民经济发展、改善人民群众生活、扩大对外开放、加强民族团结、缩小地区差别、巩固国防安全等方面，发挥了重要作用。

一、公路建设成就突出

建国初期，我国公路通车里程仅为8.07万公里，公路等级都在二级以下，有路面里程只有3万公里。到1978年，全国公路通车里程达到89万公里，是建国初期的11倍，但既无一级公路，更无高速公路，公路交通成为国民经济发展的"瓶颈"。

进入改革开放后，伴随着国民经济快速发展和对外开放的不断扩大，公路交通步入了快速发展的轨道。公路建设成就辉煌，令人振奋，主要表现在：

（一）公路总量快速增加

2008年年底，全国公路总里程已达373万公里，是建国初期的46倍。其中，高速公路里程60302公里，一级公路54216公里，二级公路285226公里，二级及以上公路占总里程的比例为10.72%，而1978年二级及以上公路只有1.2万公里，比例只有1.4%。

路面技术等级和通达深度得到很大提高。到2008年年底，高级、次高级路面里程达 199.56 万公里,全国公路路面铺装率达到 53.5%,而 1978 年为 16 万公里,比例只有 18%。

公路密度由改革开放初期的 9.1 公里/百平方公里,提高到现在的38.86 公里/百平方公里,是改革开放初期的 4.27 倍。

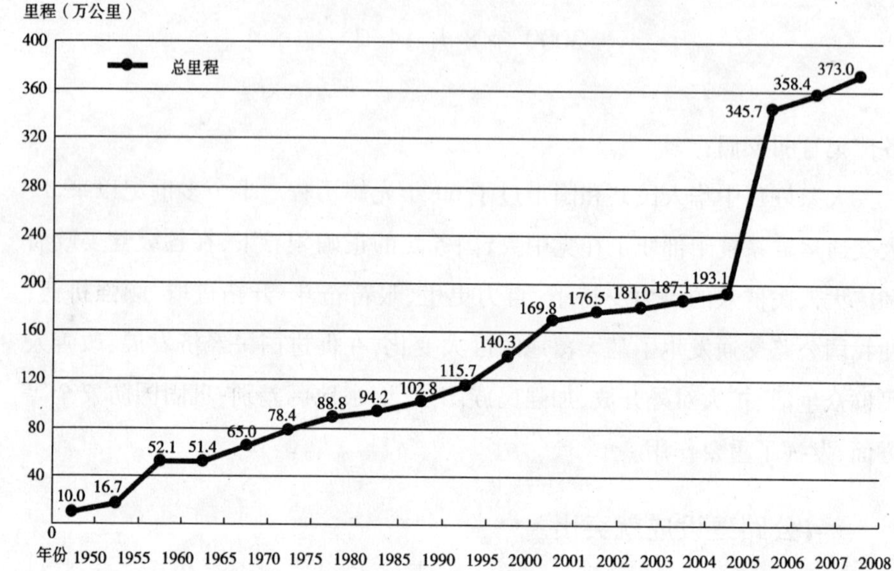

建国以来全国公路里程发展示意图

(二)高速公路建设突飞猛进

高速公路是现代经济和社会发展重要的基础设施,是构筑交通现代化的重要基础。我国高速公路建设酝酿于 20 世纪 70 年代,起步于 80 年代,发展于 90 年代,腾飞于 21 世纪,起步时间较西方发达国家晚了近半个世纪,但起点高、发展速度快。1988 年,上海至嘉定高速公路的通车,标志着中国内地高速公路零的突破。"七五"期间(1986 ~ 1990),建成沈大高速公路、京津塘高速公路为代表的一批高速公路里程达 522 公里。"八五"期间(1991 ~ 1995),建成高速公路 1600 多公里。"九五"期间(1996 ~ 2000),建成高速公路 14000 多公里。"十五"期间(2001 ~ 2005),建成高速公路 24000 多公里。1999 年,高速公路里程突破 1 万公里,2002 年突破 2 万公里,2004 年突破 3 万公里,2005 年突破 4 万公里,2007 年突破 5 万公里,2008 年突破 6 万公里。高速公路从零起步到 1 万公里,只用了不到 12 年时间;从 1 万公里到 6 万公里，只有短短9年时间，高速公路的发展速度举世瞩目。

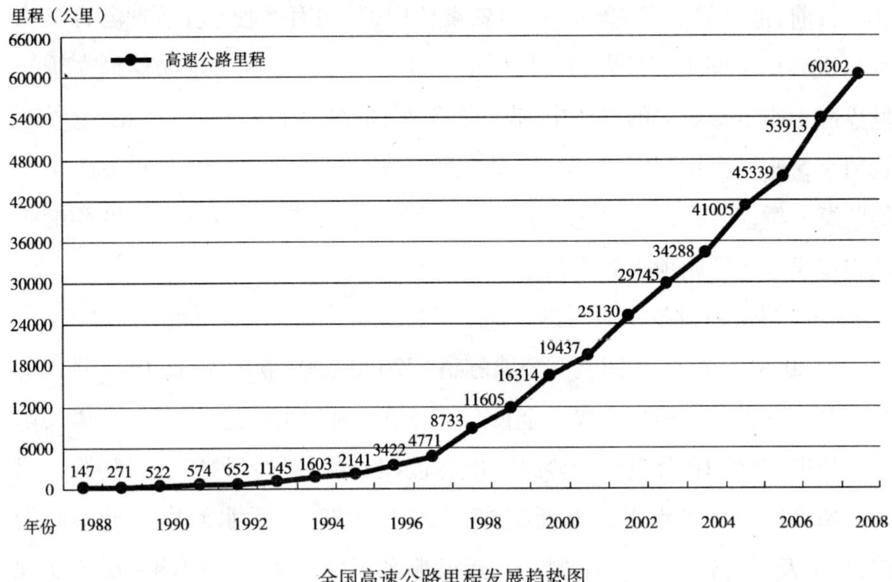

全国高速公路里程发展趋势图

国家高速公路网规划里程86601公里。截至2009年6月底，建成48896公里，占规划里程的56.5%；在建17500公里，占规划里程的20.2%。另有2245公里高速公路路段正在实施扩容改造。

（三）农村公路发展迅速

截至2008年年底，全国农村公路通车里程达312.5万公里，比1978年增长了近4倍；全国通公路的乡镇、行政村比例，由90.5%和65.8%增加到98.54%和88.15%。乡镇通沥青（水泥）路率达到88.6%，东、中部地区建制村通沥青（水泥）路率已达到90.1%和79.8%，西部地区建制村通公路率已达到81.2%。全国农村公路路网已经延伸到从高原到山区，从少数民族地区到贫困老区的各个角落。

（四）桥梁建设进入国际先进行列

到2008年年底，我国共有公路桥梁59万座、2525万延米，而1978年仅有12.8万座、328万延米。先后在长江、黄河等大江大河和海湾地区，建成了一大批深水基础、大跨径、技术含量高的世界级公路桥梁，江阴长江公路大桥、润扬长江公路大桥、南京长江二桥和三桥、东海大桥、杭州湾跨海大桥、苏通长江公路大桥等一批特大型桥梁相继通车，舟山西堠门跨海大桥、泰州长江大桥、马鞍山长江大桥、嘉绍过江通道等一批在建桥梁进展顺利。

目前，世界前十座主跨最大的悬索桥中，我国有5座（包括香港青马大桥）；世界前十座主跨最大的斜拉桥中，我国有8座（包括香港昂船洲大桥）；世界前十座主跨最大的拱桥中，我国有7座；世界前十座主跨最大的梁桥中，我国有5座。去年刚刚建成的杭州湾跨海大桥全长36公里，是世界上最长的跨海大桥；苏通长江公路大桥的主跨跨径、主塔高度、斜拉索长度和群桩基础规模创造了四项世界之最。

（五）隧道建设技术能力迅速提升

到2008年年底，我国共有公路隧道5426处、319万延米，而1979年仅有374处、5万延米。相继建成了全长5.4公里的雁门关隧道，全长7公里的雪峰山隧道，全长18公里的秦岭终南山隧道（长度位居世界第二）。随着公路的快速发展和技术水平的不断提高，山岭长大隧道、深水海底隧道不断涌现，施工及运营管理技术不断提升，运营服务不断完善。厦门翔安隧道实现了海底隧道建设的新突破，上海越江隧道盾构直径达到了15.43米。四川省二郎山主隧道长4.2公里，洞口海拔2200米，是我国公路隧道中埋藏最深（埋深830米）、地应力最大（最大50MPa），岩爆、大变形、暗河等不良地质情况最多，地下水富集（勘探孔中承压水头高达115.4m）的一条山岭公路隧道。四川华蓥山隧道全长4.7公里，沿线穿越煤层、岩溶地质、断层、背斜高应力核部，并伴有瓦斯、天然气、石油气、硫化氢等多种有毒、有害气体；山西雁门关隧道全长5.4公里，一路穿越27条断层。这些隧道集中体现了我国的隧道建设能力和技术水平。

公路建设的快速发展，对促进国民经济发展和社会进步发挥了重要作用。一是公路交通是通达率最广、与人民群众生产生活联系最为密切的一种运输方式，是综合运输体系的基础和骨干，公路交通的快速发展，为人们出行和货物流通提供了良好的基础设施，为经济和社会的发展奠定了良好的基础；二是改善了投资环境，促进了沿线地区土地开发和产业结构调整，促进了沿线经济产业带的形成和区域经济的繁荣；三是农村公路的建设改善了贫困地区的交通条件，促进农业发展，加快了脱贫致富步伐；四是通过公路的建设，扩大了内需，带动了建材、石化、机械、汽车、运输、旅游、商业等相关行业的发展,为国民生产总值的增长做出了贡献;五是公路建设增加了就业。近几年,公路建设的施工人数常年约 280 万人左右,施工高峰期约 400 万人,促进了就业,缓解了就业压力;六是公路的开通促进了信息交流,使沿线人民群众开阔了眼界,转变了观念,促进了经济发展和社会进步。

二、行业管理水平不断提升

各级交通运输主管部门加强对公路基础设施建设的指导和监督,创造性地开展工作,管理机制、管理方式随着市场经济的发展逐步完善,管理水平、管理效率随着建设经验的不断积累逐年提高。

(一)以科学发展观为指导,不断创新理念

在科学发展观理论指导下,总结推广了"四川川九路示范工程"建设的成功经验,提出了"六个坚持六个树立"的公路建设新理念,建设"安全、环保、耐久、经济"的公路工程已成为行业上下共同的目标。

(二)狠抓质量管理,工程质量显著提高

始终把工程质量作为行业监管的首要任务,全面推行了项目法人责任制度、招标投标制度、工程监理制度和合同管理制度,建立了"政府监督、法人管理、社会监理、企业自检"的四级质量保证体系,加强了质量抽查和质量监督,集中开展了沥青路面早期破损治理工作,解决了一批工程质量通病。从近年来质量统计分析结果来看,工程质量抽检合格率保持在较高水平,工程总体质量稳中有升,一批重点工程获得国家级优质工程奖励。

(三)加强市场监管,市场秩序明显好转

强化源头管理,加强动态监管,初步建立了公路建设市场诚信体系。组织开展以"履约诚信"为主要内容的市场督查活动,查处了一批违法违规企业,规范了市场秩序。加强招投标管理,全面推行合理低标价法和无标底招标。高度重视工程安全生产监管,开展安全生产专项整治工作。组织开展了清理拖欠工程款和农民工工资专项整治工作,顺利完成了国务院部署的三年清欠工作目标。

(四)法制化水平显著提高,标准规范体系渐趋完善

全力推进公路建设法制化进程,《公路建设监督管理办法》、《公路工程

施工招标投标管理办法》、《经营性公路建设项目投资人招标投标管理规定》等8部部颁规章相继实施,公路建设法规体系日益完善。及时总结工程实践经验,加快了公路工程标准规范编修订进程,编译了一批国外成熟的标准规范,相关标准规范指南得到充实和完善,形成了一个"结构合理、功能完备、科学有效"的公路工程标准规范完整体系。

三、公路建设发展的宝贵经验

回顾公路建设近年来走过的发展历程,最重要的是紧紧抓住了国家加快基础设施建设的历史机遇,最显著的是公路建设实现了跨越式发展,最突出的是提出了完全符合科学发展观要求的公路建设新理念,最宝贵的是探索总结出了符合中国国情的公路建设管理经验、运行模式和技术路线。概括起来,主要有以下五条经验:

一是党中央、国务院重视发展交通运输事业。破解交通运输基础设施"瓶颈"制约,坚持适度超前的发展思路,适应国民经济发展需要,是公路建设快速发展的基点。

二是坚持科学发展,坚持以人为本。走资源节约型、环境友好型发展之路,努力做好"三个服务",是实现公路建设又好又快发展的根本理念。

三是坚持科技先导,质量第一、安全为本。实现公路安全性、便捷性、舒适性的和谐统一,是公路建设的本质要求。

四是坚持依法行政,坚持改革创新。转变政府职能,加强管理,完善措施,全面提高公路建设市场监管水平,是促进公路建设快速发展的不竭动力。

五是坚持条块结合、以地方为主的联合建设方针,多渠道筹集资金。把公路建设由行业行为转变成政府行为、社会行为,形成上下联动、部门互动、社会参与的良好氛围,是公路建设事业持续发展的有力保障。

情况介绍四

交通运输部水运局副局长　**程　武**

2009 年 8 月 14 日

各位记者朋友们：

大家上午好！非常感谢你们长期以来对水运事业的关心和支持。

新中国成立 60 年来，我国水运事业不断取得跨越式发展，水运面貌发生了翻天覆地的变化，现代化水平显著提高，为国民经济和社会发展提供了有力支撑和有效服务。

一、水运基础设施建设成就瞩目

新中国成立初期，我国交通运输十分落后，基础设施数量少、质量差、等级低、布局偏。20 世纪 50 年代中后期，我国掀起了内河航道建设掀起高潮，1973 年，周恩来总理提出"三年改变港口面貌"，迎来了第一次港口建设高潮。改革开放后，国家进一步加大了资金投入，水运基础设施建设步伐加快。目前，形成了布局合理、层次分明、功能齐全、优势互补的港口体系，沿海港口基本建成煤、矿、油、箱、粮五大运输系统，具备靠泊装卸 30 万吨级散货船、35 万吨级油轮、1 万标准箱集装箱船的能力，内河航道基本形成"两横一纵两网"的国家高等级航道网，水运供给能力显著提高。截至 2008 年年底，全国港口生产性泊位 3.1 万个，是 1949 年的 193 倍，万吨级以上深水泊位从无到有，发展到 1416 个，内河航道通航里程 12.3 万公里，是 1949 年的 1.7 倍。

二、水路运输生产增长迅猛

新中国成立初期，水路运输船舶品种单一、吨位小、技术落后，仅有轮驳船 4000 多艘、帆船 30 万艘。水路客货运输量很小，港口装卸主要依靠人挑肩扛，全国港口货物吞吐量仅 1000 万吨。

经过60年来的持续快速发展，我国海运船队跃居世界第4位，拥有轮驳船18.4万艘、1.24亿载重吨，分别为1949年的41倍、310倍。运输船舶基本实现大型化、专业化，全面淘汰了帆船、挂浆机船和水泥质船；中远集团船舶总运力跃居世界第二位，中远、中海集装箱船队运力双双进入世界10强。我国大陆港口吞吐量和集装箱吞吐量连续六年保持世界第一，水路货物运输量为29.5亿吨，港口完成货物吞吐量70亿吨，分别是1949年的116倍和700倍，亿吨大港达到16个，7个大陆港口进入港口货物吞吐量排名前10位，上海港成为世界第一大港。近10多年，港口集装箱吞吐量以年均近30%的速度增长，年吞吐量于2007年首次突破1亿标箱。

三、水运服务能力显著增强

水路运输服务效率显著提升，港口配套设施不断完善，部分主要港口已达到世界先进水平，主要集装箱港口的装卸效率屡创新高。在世界海运快速发展，全球部分港口能力紧张的状况下，我国主要港口始终提供了高效、便捷、畅通的服务，还能为国外货源提供港口中转服务。我国国际和沿海水路运输航线多达几千条，国际集装箱班轮航线2000余条。水运安全和应急能力不断增强，建立了港口设施保安体系，水路运输应急反应机制逐步健全，有力地保障了迎峰度夏和特殊时期的煤炭、原油等重点物资运输，确保了国家经济高效、安全运行。

四、可持续发展能力显著增强

基本建立了统一开放、竞争有序的水运市场体系。20世纪80年代初期，国家出台了鼓励民营企业和个人从事船舶运输的政策，积极推进水运投资和经营主体多元化，建立公平准入和竞争秩序，全面放开国内水路运输价格和港口内贸货物装卸作业价格，打破地区和部门封锁，在国际船舶代理、理货等服务领域引入竞争机制，深化管理体制改革，实行政企分开，推进国企改革，建立现代企业制度，实行规范的法人治理。目前，我国水路运输经营者达10万家，港口企业1.6万家。

水运法规体系建设不断推进，形成了以《海商法》、《港口法》为龙头，以

《国际海运条例》、《水路运输管理条例》、《航道管理条例》为骨架和一系列配套部门规章组成的水运法规体系。

水运科技创新实力显著增强，一些重大工程关键技术取得突破，港口建设、航道整治、装卸工艺、装备产品等技术达到国际先进水平，初步形成了大型专业化码头建设成套技术，攻克了大型深水航道建设部分关键技术，长江口深水航道治理工程成为世界上巨型复杂河口航道治理的成功典范。信息化水平不断推进，节能减排工作初见成效，运输组织技术明显提高。

我国高度重视水运特别是内河航运的发展，充分发挥内河航运占地少、污染小、环境友好、社会效益突出的特点，制定了一系列促进内河航运发展的方针和政策。不断扩大内河航运建设资金规模，加快以长江黄金水道为重点的内河航运建设，积极推进内河船型标准化，加快京杭运河船舶更新改造，使内河航运这一古老的运输方式焕发了新的活力。长江干线、京杭运河已成为世界上运输规模最大、最繁忙的通航河流和运河。

台湾海峡是两岸和亚太地区海上运输的交通要道。1997 年，海峡两岸试点直航序幕的拉开，打破了两岸近 50 年无商船直接往来的历史。2008 年签署了《海峡两岸海运协议》，并举行了海峡两岸海上直航首航仪式，实现了两岸间海运的全面、双向、直航。海峡两岸海上直航降低了时间和贸易成本，为两岸经济贸易和人员往来提供更加便捷、高效、低成本的运输服务。

五、水运在国民经济和国际海运的地位显著提升

我国已发展成世界港口大国、航运大国和集装箱运输大国，有力地促进了沿江沿海产业带的形成和发展，加速了港口城市和区域经济的崛起，水运成为我国沟通国内外的重要桥梁和融入经济全球化的战略通道，有力地保障了经济社会的持续健康发展。目前，水路货物运输量、货物周转量在综合运输体系中分别占 12% 和 63%，承担了 90% 以上的外贸货物运输量，内河干线和沿海水运在“北煤南运”、“北粮南运”、油矿中转等大宗货物运输中发挥了主通道作用，对产业布局调整和区域经济发展发挥了重要作用。

截至 2008 年年底，我国与世界主要海运国家和地区签订了海运协定，连续 10 届当选为国际海事组织 A 类理事国，水运开放程度已达到相当高的水

平，拓展了我国对外开放的领域和程度，树立了良好的海运大国形象，在世界海运界的地位显著提升。我国已成为世界海运发展的主要推动力，是世界海运需求总量、集装箱需求和铁矿石进口最大的国家。

展望未来，我国水运业将深入贯彻落实科学发展观，继续解放思想，坚持改革开放，大力发展内河航运，不断开拓海洋运输，努力提升做好“三个服务”的能力和水平，为经济社会的进步和发展做出新的更大贡献。

情况介绍五

交通运输部道路运输司副司长　**徐亚华**

2009 年 8 月 14 日

各位记者朋友们：

大家上午好！新中国成立 60 年来，在党中央、国务院的正确领导下，道路运输生产力得到极大发展，道路运输面貌发生了天翻地覆的深刻变化，创造了辉煌成就，为经济社会发展和提高人民生活水平提供了有力支撑和坚强保障，做出了重大贡献。

一、60 年道路运输业发展的历史进程回顾

回顾 60 年我国道路运输业发展的历程，大致经历了四个历史阶段。

第一个阶段：从新中国建立到改革开放，我国道路运输艰难创业。

建国伊始，道路运输作为经济发展的基础，得到了国家的重视。1950 年 4 月 5 日，交通部成立了国营汽车运输总公司，各大行政区、各省也组建了规模大小不等的直属运输公司。1958 年 4 月，交通部提出依靠地方党委、依靠群众、普及与提高相结合以普及为主的交通运输建设方针（即“地、群、普”方针），推动了运输能力的提高。但一直到改革开放，政府主要以计划手段来组织运输生产，道路运输由国有运输企业主导，道路运输生产力发展水平比较落后。

第二个阶段：从改革开放到邓小平南巡谈话，我国道路运输市场空前活跃。

十一届三中全会以后，长期受到抑制的交通运输需求得到释放，“运货难”、“乘车难”成为那个时代社会生产与人民生活中的一个突出问题，交通运输全面紧张，成为经济社会发展的主要“瓶颈”。为解决运输能力不足的矛盾，1983 年 3 月，交通部召开全国交通工作会议提出“有路大家走车”，进

一步发挥公路运输的作用、提高公路运输量的比重。1985 年，提出了“三个一起干、三个一起上”，即各部门、各行业、各地区一起干，国营、集体、个人以及各种运输工具一起上。我国道路运输业开始突破所有制束缚，全社会掀起了大办交通的热潮，道路运输市场也成为最开放的市场之一。

第三个阶段：从邓小平南巡谈话到十六大召开，我国道路运输市场进一步发展和规范。

适应社会主义市场经济体制的需要，1995 年，交通部制定实施了《关于加快培育和发展道路运输市场的若干意见》，通过健全运输法规，鼓励经营者自主经营、平等竞争，加快建立全国统一、开放、竞争、有序的道路运输市场体系。2001 年 6 月，交通部发布《道路运输业结构调整的若干意见》，加快解决道路运输市场存在的一些问题，进一步规范道路运输市场行为，调整道路运输业结构，引导行业协调发展。

第四个阶段：十六大以来，我国道路运输探索科学发展。

党的十六大以来，道路运输系统以科学发展观为指导，认真落实党中央、国务院关于构建和谐社会、建设资源节约型和环境友好型社会以及加快发展服务业的一系列战略部署，统筹各方面关系，全面实施“路运并举”的工作方针，促进了道路运输的全面发展。2004 年 4 月，国务院发布《道路运输条例》，交通部相继颁布实施《道路旅客运输及客运站管理规定》、《道路货物运输及站场管理规定》等 7 个配套规章，道路运输行业法规体系逐步健全。2007 年，11 月，交通部印发《关于促进道路运输业又好又快发展的若干意见》，提出了 34 条促进道路运输发展的政策措施。党的十七大确定加快行政管理体制改革，这次机构改革决定组建道路运输司，对道路运输实施统一管理，我国道路运输业发展掀开了新的一页。

二、60 年道路运输业取得的成就

一是道路运输生产力极大发展，在国民经济中的地位显著提高。新国中成立之初，我国道路运输极为落后，在很多领域都是空白，人背畜驮是主要的运输方式，马车和人力车在很多地方是仅有的交通工具，全国的汽车少之又少。统计显示，1949 年全国汽车保有量只有 5 万辆，完成的客运量只有

0.1亿人次，货运量仅1亿吨。

截至2008年年底，全国汽车保有量达到6467万辆，比建国前增长1290多倍。其中，营运汽车930.6万辆；道路客货运场站16.57万个，道路运输经营业户565.9万户，客运线路班次15.6万条，从业人员2000多万人。全国农村客运车发展到33.1万辆，客运班线达到7.8万条，全国乡镇客车通达率达98%，行政村客车通达率达87%，长期以来道路运输群众乘车难、货物运输难的问题，在绝大部分地区得到较好解决。

2008年，全国道路运输行业完成公路客运量268.2亿人次，占综合运输体系的92%；完成货运量191.7亿吨，占综合运输总量的73%。完成客运量、货运量分别比建国前增长2680多倍和190多倍。道路运输业成为服务范围最广，承担运量最大、运输组织最灵活、运输产品最多样、就业人员最多的运输方式。

二是客货运力结构显著改善，运输行业服务门类进一步健全。截至2008年年底，全国营运客车达169.64万辆、2560.36万客位，中高级客车占40%以上；营运货车760.97万辆、3686.2万吨位，标准化程度高、承载量大、安全性能好和能耗低的货运汽车所占比例逐年提高。以高等级公路为依托的跨省市长途客货运输蓬勃发展，道路运输的竞争力大大增强，经济运距明显提高。同时，运输线路不断增加、延长，运输服务设施日趋完善，服务水平不断提高。随着我国加入WTO，外资企业大量进入我国道路运输领域。道路运输服务业同步协调发展。道路运输企业组织化、规模化程度明显提升，全国涌现出一大批具有全新经营理念和较高管理水平的规模化企业。

客货运输的大发展，有力推动了其他子行业，如汽车维修、驾驶员培训、其他道路运输服务业的大发展；其他子行业的大发展又为客货运输的更好发展提供了更强大的保障。基本形成了一个合理分工、配套运行、良性互动的内部体系。截至2008年年底，全国汽车维修业务达到35.96万户，全年完成汽车修理和维修救援2.1亿辆（台）次。全国机动车驾驶培训学校发展到8156个，年培训量达1123.69万人，基本满足了社会的需求。

三是道路运输应急保障能力明显增强，安全管理水平显著提高。道路运输在应对春运和“黄金周”客流高峰、抗击“非典”和禽流感、抢运煤电油粮、抗击低温雨雪冰冻灾害、抗震救灾以及北京奥运等重要时段和重点物资的运输中，充分发挥其通达度高、覆盖面广以及机动灵活、组织多样等比较优势，在应急保障中发挥着越来越重要的作用。比如，在"5.12"四川汶川特大地震后一个月的时间内，道路运输投入应急运力4.2万辆，运输救灾物资68.5万吨，抢运救灾人员和灾区群众61.5万人，为夺取抗震救灾胜利提供了可靠保障。北京奥运会期间，道路运输系统圆满完成了各项运输保障任务。结合道路运输待业特点，加强"三关一监督"，道路运输业群死群伤交通事故发生率、事故伤亡和经济损失逐年下降，保证了人民群众生命财产安全。以上就是共和国60年来道路运输业的基本情况。谢谢大家。

情况介绍六

交通运输部海事局副局长　**郑和平**

2009 年 8 月 14 日

各位记者朋友们：

大家上午好！新中国成立至今已走过 60 年的光辉历程，随着我国对外开放程度的不断提升，航运经济在国民经济中的比重越来越高，目前我国外贸货物运输量的 90% 以上都要依靠水路运输来实现。安全是航运永恒的主题，航运经济的高速发展对水上交通安全监管工作带来了巨大的挑战和极高的要求。在此背景下，作为我国水上交通安全监督管理职能机构的海事部门，认真履行国家赋予的“保障水上安全、保护水域清洁、维护国家主权”的神圣职责，坚持有效监管保安全，优质服务促发展，为保持我国水上安全形势持续稳定和促进经济社会和谐发展做出了积极的贡献，为航运经济健康快速发展提供了有力的保障，取得了辉煌的成就。

一、水上安全形势保持稳定

新中国成立 60 年来，特别是改革开放 30 年来，我国水路交通基础设施建设不断加快，运力和运量成倍增长。截至 2008 年，我国拥有船舶总数 24 万余艘，7000 多万总吨，居世界第二位；运输船舶总运力已达 1.18 亿载重吨，是 1978 年的 7 倍；水运货运量、货运周转量达到 28 亿吨和 64284 亿吨公里，分别是 1978 年的 6 倍和 17 倍；港口吞吐量达 64 亿吨，是 1978 年的 7.4 倍。与此相对应的是，水上安全形势较改革开放前大幅度改善，各项指标大幅下降，水上安全形势持续稳定。如下表：

年度	事故件数	死亡人数	沉船艘数
1978	5602	1219	1719
2008	342	351	213
同比下降	93.9%	71.2%	87.6%

二、安全监管体系逐步完善

海事事业与共和国的建设同步成长。海事的前身是1949年建国后成立的交通部海运总局航政室，1953年改为“中华人民共和国港务监督局”。1998年，根据国务院关于全国实施水监体制改革的决定，港务监督局与船舶检验局合并组建中华人民共和国海事局(交通部海事局)，为原交通部直属机构，统一领导全国水上安全监管业务工作，并划定了中央垂直管理水域和地方管理水域。目前，在中央管辖水域设有20个直属海事局，在地方管辖水域设立了27个省级地方海事机构，监管范围已全面覆盖全国通航水域。

三、应急反应能力明显增强

海事部门全面履行海上人命救助和船舶污染事故应急反应职责，推动成立国家、省、地市三级水上搜救中心，形成了以政府统一领导，以海事部门为主要依托和搜救机构归口协调指挥的水上搜救组织体系，1998年水监体制改革实施以来，共组织、协调、指挥海上搜寻救助9900起，共有122320人脱险，平均每天救助34人，救助成功率达93.2%，建立了全方位覆盖、全天候运行、快速反应的水上险情应急机制，提高了海事应急反应能力。

四、安全监管能力显著提升

不断加快信息化建设步伐，完善监控手段，提高航海保障能力。目前我国已建成31个船舶交通管理中心和92个船舶自动识别系统岸基站，并在沿海及主要港口布设航标7981座，监控范围覆盖我国所有重要港口和通航水域；以3艘千吨级巡视船为骨干，以1100余艘60米、45米、30米级及以下级巡逻船艇为主体的海事船艇编队，使海事监管范围从原来的主要港口水域延伸至专属经济区。

五、转变理念提升服务能力

海事工作始终围绕服务经济社会发展大局，积极转变工作理念，适应社会主义市场经济发展和政府职能转变要求，努力为国民经济和社会发展提供优质服务和坚强保障。仅以创新服务举措为例:长江江苏段水域船舶定线制的实施,便年均带动江苏沿江港口吞吐量提升4000万吨,影响拉动GDP540亿元,取得了良好的经济效益和社会效益;通过积极引导非航海类专业毕业生从事海员工作和渔民转行转产,推进中西部海员发展等举措,推动社会主义新农村建设。目前全国的船员总量达到155万人,成为世界船员大国。

六、海事国际地位和影响力不断提高

海事部门认真履行维护国家主权职能,代表国家参加国际海事组织、国际海道测量组织、国际航标协会和国际劳工组织等国际组织的活动,派员参与国际公约的起草与修订,在市场准入和标准规范制定等方面坚决维护了我国航运事业的根本利益;自1989年起连续十次当选为国际海事组织的A类理事国,并第一批被列入国际海事组织公布的履行公约"白名单"国家;与20多个国家和地区签订相互认定协定和合作协议,定期举办国际海事论坛,与韩国、日本以及香港和澳门地区定期举行海上安全会谈。

七、执法队伍建设成效显著

始终坚持并不断加强执法队伍建设和专业人才培养,为事业发展提供了不竭的动力和坚强的保障。以海事职务等级标识制的实施为契机,加快执法队伍正规化和半军事化建设步伐。60年来,以陈毅、叶中央、苏贵聪、杨庆文等同志为代表,海事系统涌现出一大批不同历史时期的全国劳动模范和行业先进典型,在他们的身上集中体现了海事工作者执着的职业追求和崇高的精神品质,不断激励和影响着广大海事职工时刻履行"执法为民、服务社会"的庄严承诺。

情况介绍七

交通运输部救捞局副局长　丁平生

2009 年 8 月 14 日

各位记者朋友们:

大家上午好！中国救捞是国内应急机制的重要组成部分,承担着对中国水域发生的海上事故的应急反应、人命救生、船舶和财产救助、沉船沉物打捞、海上消防、清除溢油污染及其他对海上运输和海上资源开发提供安全保障等多项使命,并代表中国政府履行国际义务。

新中国成立初期,我国海上救助事业一片空白,交通运输部救捞局前身为中国人民打捞公司,这个公司只有职工 120 人、一艘 125 千瓦的“盘山”号小拖轮和十几只港口装卸淘汰的小平驳,设备简陋,人员缺乏,主要精力集中在打捞沉船、清理航道上,在海上人命救助上,并没有形成一套完善的、系统的、有效的理念,观念相对陈旧和落后。

经过 60 年的发展,中国救捞先后经历了艰苦创业时期、加快建设时期、飞速发展时期等三个阶段,在党和政府的重视与关怀下,经过三代救捞人的共同努力,从无到有,从小到大,从弱到强,一步一个脚印地发展壮大起来,成为了国家海上应急救援的主力军。

进入新世纪后,中国救捞在国家改革开放不断深入的大背景下,创立了一套具有中国救捞特色的管理思路和理念体系,走出了一条具有中国特色的救捞发展之路。

救捞系统在加紧对现有老旧救助船舶进行技术改造、提高船舶性能的同时,还借鉴国内外成功经验和标准,制定了符合我国国情的专业救助装备和器材的配备标准,积极建立一支海、陆、空并进,高速、快速相结合的救助装备梯队,确立了大、中、小三种船型。在救助效果方面,创造性地提出并实施了“关口前移、站点加密、动态待命、随时出击”的动态待命救助值班制度,全天候大功率专用救助船接到救助指令后30分钟出动；快速救生船20分钟出动；高速救助艇10分钟出动。冬季出动时间在此基础上各延长10分钟。救助船舶在港外锚地、通航密集区、事故高发区值班待命，大大加快了反应速度，84%的离岸50海里内重要干线航道和港口的救助，应急到达时间不超过150分钟，比以前平均缩短了73分钟，应急反应速度、组织指挥水平和海难救助效果明显提高，为稳定水上安全形势和促进国民经济发展提供强有力的保障。

如今，救捞系统已发展成为设有三个救助局、三个打捞局和四个救助飞行队，拥有近万名职工，在北起鸭绿江口、南至西沙海域，救捞系统在沿海共设立21个救助基地、7个航空救助基地，除了船舶、飞机外，还有18支应急反应救助队随时待命，在沿海水域初步形成了海空立体救助体系，随时可以迅速出击，投入救捞抢险行动，为我国水上交通安全提供了有力的保障。

目前，救捞系统已拥有71艘专业救助船舶，其中新造大中型现代化专业救助船舶15艘，包括3艘6000千瓦救助船、8艘8000千瓦救助船、1艘14000千瓦救助船以及3艘近海快速救助船。这些新造大型救助船可在12级风条件下安全航行，近岸快速救助船可在9~10级风的条件下安全航行，救助综合能力有效提升。已经投入使用的新型救助船在台风等恶劣的气象海况条件下，实施了包括救助越南渔民在内的多起成功救助，为保证海上人命财产安全和体现负责任的大国形象作出了重要贡献。

在飞行救助方面，陆续引进了包括S-76C+和EC225大型救助直升机，现在共拥有12架飞机，而且新采购的4架飞机近两年内也将陆续到位。我国海上救助飞行队成立后，在海上救助及国家重大应急救捞抢险行动中屡立战功。还有包括4000吨起重船“华天龙”号以及能在3000米深水作业水下机器人等一大批打捞装备相继投入使用，我国海上救助与打捞的综合实力显著加强。

随着救捞队伍的不断扩大，救助装备的不断跟新，目前我国专业海上救助队伍已集空中救援、海面救助、水下潜水救助打捞于一体，形成结构完整、功能齐全、优势互补、自成体系的特色。在应对海上突发事件时，能够做到更加科学、更加准确、更加有效。尤其是2003年体制改革后的5年来，在海上人命救助方面，出色完成了建国以来最大国际救援行动——成功救助330名越南遇险渔民，还完成了东沙1125名受困台风渔民的大救援、强温带风暴潮中1096名遇险人员救援、南沙西沙986名遇险中外渔民救援、失火客滚船“辽海”轮救助、雾航搁浅的“粤海铁1”救助等；在抢险打捞方面，成功打捞起沉没在我国海域的世界上最大的挖泥船“奋威”轮、福州沙埕港抢险打捞、黄浦江最大沉船“银锄”轮打捞、5万吨电煤运输船“鹏洋”轮打捞，在举世瞩目的古沉船“南海一号”整体打捞工程，开创了世界考古打捞的先河，向世人充分展示了我国专业打捞力量的雄厚实力。

据初步统计，改革开放30年来，我国海上专业救助力量共救助海上遇险人员44135名，年均救助人数约为1423人/年，是改革开放前年均获救人数的12.06倍；救助遇险船舶2471艘，年均救助船舶约80艘/年，是改革开放前年均获救船舶的2.29倍。尤其是2003年体制改革后的这几年，截止2008年10月，共救助海上遇险人员18834人，年均救助3139人/年，是改革开放前年的26.61倍；救助遇险船舶890艘，年均救助船舶约148艘/年，是改革开放前的4.23倍（详见下表）。由于能及时有效地实施救助，沉船的数量明显减少，但打捞沉船的吨位越来越大。60年来，救捞系统较好履行了海上人命救助、环境救助、财产救助和应急抢险打捞的神圣职责，已成为国家应急反应体系的重要组成部分和中坚力量。

新时期，救捞系统将深入学习贯彻落实科学发展观，以世界眼光和战略思维谋划救捞事业的新发展，以“三精两关键”为目标，结合中国救捞的实际，开展人才、装备、技术专业化建设，努力实现准军事化管理，待命制度化，行动快速化，救助科学化，全面提高救捞系统“三个服务”的水平，为保障我国水上安全，促进我国海洋经济快速稳定发展做出了巨大的贡献。

改革开放30年前后救助打捞成果统计表

年代/时间段	救助人员（人）	外籍	救助船舶（艘）	外轮	打捞沉船（艘）	外轮
1951－1977	3081（年均约118人）		908（年均约35艘）	129	901	35
1978至今	44135（年均约1423人）	7910	2471（年均约80艘）	543	781	57
1951年至今	47216	7910	3379	672	1682	92
2003年至今（2008年10月）	18834（年均约3139人）	2569	890（年均约148艘）	177	75	10

附：

出席新闻发布会的新闻机构共有29家，其中，中国内地新闻机构有新华社、人民日报、中央人民广播电台、中央国际广播电台、中央电视台、光明日报、经济日报、法制日报、工人日报、中国日报、中新社、经济观察报、新京报、每日经济新闻、中国交通报、中国水运报等27家；港澳地区新闻机构有香港文汇报、凤凰卫视等2家。

发布时间:2009 年 9 月 3 日下午 4 时

发 布 人:刘功臣　交通运输部安全总监

曹德胜　交通运输部海事局副局长

谢济建　浙江省政府办公厅副主任、浙江省海上搜救中心主任

何易培　浙江海事局副局长、浙江省海上搜救中心副主任

主 持 人:柯林春　交通运输部政策法规司副司长、新闻办常务副主任

发布地点:宁波大榭国际大酒店

2009 年国家海上搜救桌面演习暨东海搜救演习相关情况新闻发布会

发布辞一

交通运输部安全总监　**刘功臣**

2009 年 9 月 3 日

各位新闻界的朋友们:

大家下午好！欢迎大家出席今天的新闻发布会。明天上午 9 时,交通运输部和浙江省人民政府将在浙江宁波—舟山核心港区佛渡水道海域举行 2009 年国家海上搜救桌面演习暨东海搜救演习。下面我简要地向新闻界的朋友们介绍本次演习的有关情况,并和同事一起回答大家感兴趣的问题。

为了提高紧急情况下我国水上人命救助水平,推进水上突发事件处置能力建设,增强全民海洋意识,自 1999 年起,我部会同有关地方政府每年组织大规模的海上搜救演习,主要集中在水上搜救、防止船舶污染水域、船舶安保等方面。2003 年起,按照国务院的统一部署,我部着手建立国家海上应急反应机制建设,推动建立了国家海上搜救部际联席会议制度,制定了国家

水上应急反应预案。目前,我国已建立起中国海上搜救中心、各省(自治区、直辖市)以及各市级分中心的三级应急救援体系和水上应急反应机制。

2009年国家海上搜救桌面演习暨东海搜救演习,是我国首次多部委参与的桌面推演与实战演习同步进行的大规模海上搜救演习。这次演习将对国家海上搜救部际联席会议成员单位和省级海上搜救中心成员单位间的沟通协作、沿海巡航搜救一体化以及建设平安海区等工作成效进行检验,以进一步推进海上搜救应急反应能力建设,提升我国海上人命财产安全保障水平。我们也将通过成功举办这次演习,立体展示我国海上安全监管和搜救工作成果,向新中国成立60周年献礼!

演习将模拟一艘载有368名旅客、22名船员的客滚船因主机故障,与散装化学船"大港"轮发生碰撞。客滚船发生火灾,12名旅客跳海逃生待救;散化船发生"苯"泄漏,4名船员中毒,大量易燃毒气,正向岸边方向飘移。客滚船数百名人员及沿岸数万居民的生命受到严重威胁。

按照《国家海上搜救应急预案》,各级海上搜救中心立即组织指挥,各搜救中心成员单位协同作战,展开了"海、陆、空"应急救援。历经一小时,除客滚船1名落水旅客死亡外,其余落水人员全部获救;受到"苯"危害地区1.6万群众安全疏散撤离。此次演习将出动各类船艇35艘,飞机3架。迄今为止我国海军吨位最大,首次列编的医疗救护船也将参加这次演习。

这次演习的特点可以归纳为以下4点:桌面演习和实战演习相结合;演习科目内容丰富;指挥层次多;技术保障要求高。

第一,这次演习由我国多部委参与、桌面演习与实战演习同步进行,在北京中国海上搜救中心举行的桌面演习,重点演练国家海上搜救部际联席会议成员单位的协同指挥能力;浙江的实战演习,重点演练浙江省海上搜救中心各成员单位的应急处置能力。通过各部委的联动,指导浙江实战演习。这在我国海上搜救演习中是首次。

第二,此次演习科目多,为我国历次海上演习之最。北京桌面推演包括国家海上搜救部际联席会议成员单位联动和国家、省两级海上搜救机构联动。浙江实战演习分海上演习和陆地演习两部分内容,单是海上现场演习就有5个科目,客船近400人海上过驳、危化品应急处置,以及通过飞机直接施救和引导船艇救助、施放救助艇、布放攀爬网等多种方式,对 12 名落水人员搜寻救助等,是以往演习所罕见。并且,我这里想重点说明一下,海上和陆地同步进行演习,这在我国海上搜救演习中也是第一次。

第三,由于此次桌面演习和现场演习同步进行,“多点并行演习”,指挥层次大大增加,共设立了 5 个演习指挥部:中国海上搜救中心设立演习总指挥部,国家海上搜救部际联席会议各成员单位设立演习协调指挥部,浙江省海上搜救中心设立前线指挥部;海上演习现场——宁波 - 舟山核心港区佛渡水道设立现场指挥部(海巡 31),在岸上宁波市北仑区春光镇设应急救援指挥部。从指挥体系来说,从演习总指挥到演习现场执行副总指挥就有 13 个层级。这些在以往演习中也是前所未有的。

第四,这次演习技术保障要求高。此次“演习是多部委、海陆空、北京、杭州、宁波”三地同步进行,演习时三级指挥机构及各演习点都要实现音、视频实时双向同步传输,这对信息传输保障技术上要求很高。特别是海上要实现这些信息传输,技术难度大,要求特别高。这也是以往演习中不曾遇到的。

此次演习由交通运输部、浙江省人民政府联合主办,国家海上搜救部际联席会议成员单位及其驻浙下属单位、宁波市政府协办,浙江省海上搜救中心、浙江海事局承办。

演习总指挥由交通运输部部长李盛霖,浙江省人民政府省长吕祖善担任。演习副总指挥由交通运输部副部长、中国海上搜救中心主任徐祖远,浙江省人民政府副省长、浙江省海上搜救中心主任王建满,宁波市市长毛光烈担任。演习执行总指挥由交通运输部副部长、中国海上搜救中心主任徐祖远,浙江省人民政府副省长、浙江省海上搜救中心主任王建满兼任。交通运输部安全总监刘功臣担任演习总顾问。交通运输部海事局常务副局长陈爱平、交通运输部救助打捞局局长宋家慧、浙江海事局局长高军担任演习执行副总指挥。交通运输部海事局副局长、中国海上搜救中心总值班室主任翟久刚担任演习总协调人。国家海上搜救部际联席会议各成员单位联络员担任协调指挥长。

演习时,将动用海事执法船、专业救助船、专业消防船、边防船舶、海监船舶、海军医疗船、海关船舶、海警船舶、渔政船舶、观摩船等船(艇)35艘,飞机3架。演习结束后将举行检阅仪式,部分参演船舶和飞机将列队接受检阅。

此外,为了进一步扩大这次演习的社会影响,使社会公众更加了解和热爱航海、关心海事、关注救助,我们通过网上招募的方式,邀请了30名社会公众观摩演习全过程。

以上是这次演习的有关情况介绍。谢谢大家。

发布辞二

浙江海事局副局长、浙江省海上搜救中心副主任　**何易培**

2009 年 9 月 3 日

各位记者朋友们：

大家上午好！演习的具体概况是这样的。按照整个演习筹备的安排，正式演习将在 2009 年 9 月 4 日 9 时准时开始。为了保证演习的有效实施，按照惯例我们在单科操练的基础上，于 2009 年 9 月 1 日 08:00 进行了一次预演。昨天上午 08:30 船艇部门组织了一次预演。整个演习约 90 分钟，其中，包含了演习的 5 个科目和演习力量接受检阅的时间。演习地点刚才刘功臣总监在给大家的介绍当中已经提到，我们这次演习其实是三地、水陆并进的一次演习。除了三级指挥机构以外，这里重点给大家介绍实战演习部分。

实战演习分海上和陆上两个部分。重点演习区在海上，也就是宁波市穿山半岛的南侧海域，地处宁波舟山港核心港区的主要区块。陆上演习区选在北仑区的白峰镇。水上部分集中在 3.5 海里 ×2.5 海里的平行四边形的水域范围内，也就是刚刚提到的穿山半岛的南侧、桃花岛的北侧，水深条件和通航要求比较符合演习的需要。

陆上沿岸人员紧急疏散的地点是这张图标识的区域，图为这个行政区域的标示，现在这个地方就是在白峰镇的区域。本次演习由交通运输部和浙江省人民政府主办，承办、协办单位刚才刘功臣总监已经介绍了。参加这次演习的单位主要有海事、救助、海军、交通港航、海洋渔业等部门。这是演习的体系。演习层级的设置充分体现了这是多层次的联动。

这里向大家介绍一下模拟险情。9 月 4 日 09:00，一艘有 22 名船员，368 名旅客的客滚船，在佛渡水道与散化船“大港轮”发生碰撞，造成了船舶火灾，其中 12 名旅客慌乱中跳海逃生待救。同时散化船上的“苯”泄漏，4 名船员中毒，大量易燃毒气向岸边飘散。

浙江省海上搜救中心第一时间接到在海区巡航的“海巡31”报告以后，及时启动了浙江省海上突发公共事件应急预案的Ⅰ级响应，成立了前线指挥部，并报告中国海上搜救中心，指定“海巡31”为现场指挥船，指挥遇险人员撤离，救助落水人员和对船舶消防，协助船员对散化品泄漏进行紧急处置，救助中毒船员，喷水稀释易燃毒气。

根据对险情的评估，启动国家Ⅰ级响应，并在中国海上搜救中心成立总指挥部。整个过程就如PPT所显示，通过5个科目来完成这些任务。这是主要的5个科目。

这次演习的方式是北京总指挥部的桌面演习和宁波执行的实战演习、及按响应程序的指挥部三者之间的同步，这是一个图示（编者注：本文图略）。现在简单看一下演习过程。

演习过程主要有这么几个情景，一个是遇险人员的转移与事故船的分离。二是中毒船员的救护和化学品泄漏源的处置。三是沿岸人员的紧急疏散，涉及到后面提示的这些情节：落水人员的救助、船舶的消防灭火与事故船的脱离，最后是检阅。这是按照明天演习的情景设计的进程，是一个图表式的介绍。

具体的图示是这样，遇险人员的转移和船的分离示意图，图上标示的“海巡31”是本次事故的现场指挥中心，“海巡21”是请各位嘉宾观摩的区域。大家看到的下方两条船，相对长方形的就是客滚船，另外一条切入客滚船的就是散化船“大港”号。为了节约演习时间，我们参与演习的船舶在A和B两个待命区待命。

这是第一个动作，从待命区B执行的，首先是两条驳轮对368名旅客进行紧急转驳、撤离。然后是消防拖轮对散化船的有关处置和监护。这两船分离过程是报经北京指挥部以后才能分离的，因为需要专家们的评估。两条船发生碰撞以后，盲目分离会造成船舶进水速度加快、沉没加速，其后果要根据当时的情况选择最合理的时机和方式进行。大概是这样一个过程。

这个是中毒船员的救护，也是同样在待命区出发，东医12号轮对化学品船上中毒船员进行紧急救护。33041这条船是得到陆上支持以后运送化学品专家到现场帮助处置。

这里显示的是落水人员的救助。参与的船舶和飞机都在图上有标示，有渔政船、直升机的搜寻，有海关船，海关828。这个是船舶灭火的示意图，主要是对客滚船的展开，因为进水造成电机短路引发火灾。这是对事故船的拖离示意图，两条船是在航道上发生的事故，一旦对化学品的处置、转驳和救助完成以后，有一个拖离处置的过程。

这是一个检阅的示意图，我就介绍到这里。

答记者问

[新华社记者] 我是新华社的记者。演习的目的通常是为了应对突发事件中的难点,包括部门协同、人员救助。那么,这次的演习对应对突发事件中的大难点,有没有一些突破?在这些突破里有哪些是借鉴了其他国家的经验?还有哪些是有中国特色的东西?谢谢。

[何易培] 海上搜救,我个人认为有这么几个特点,一是政府行为,二是履行国际公约的需要。当然还有其他的特点,针对你的问题我认为应密切相关的是这两个。

针对这两个特点,由于海上搜救的特殊性,利用社会各类资源,加强政府各涉海部门间的协作,确实是提高海上搜救能力的一个非常重要的因素。同时,提高海上搜救的效率,有一个良好的应急反应机制也是重要的,同样也存在部门之间的协调问题。

这次演习在设置上,就针对上述两个特点进行了重点考虑。比如,为什么要实施北京的桌面推演与我们浙江现场实战演习之间的同步?其根本的目的就是针对我国各级政府对海上安全高度重视,多年来强调和关注的海上应急反应体系,从北京到地方,各级应急反应体系到底是否顺畅、是否符合实际海上突发事件发生后的搜救效果。

另外一个,在这次演习当中,我们所投入的力量也是既有专业救助力量,又有社会支援。既有军用船舶,又有地方船舶。既有政府公务船舶,又有海上志愿者队伍。本身也是体现了这个特点。应该说这几年来,在党中央和国务院的高度关注下、各级政府的重视努力下,我认为是有突破的,成效是非常明显的。至于是否参照了国外的一些好的做法,我刚才提到了我们的海上搜救,其中一个特点就是履行国际公约的需要,因此我们海上搜救各级机构的建立,本身就是为履行国际海上搜救公约、作为我们缔约国的责任和义务来设置的。

应该说是借鉴了一些国际上好的经验和做法。但是我个人认为,我们现行的海上搜救机构,在符合国际公约要求的基础上,更多体现了我们中国的特色。谢谢。

[浙江电台交通之声记者] 我是浙江电台交通之声的记者。这次演习当中有一项内容是检验浙江省平安海区的建设成果,我想具体问一下交通运输部和浙江省人民政府对平安海区建设主要内容是什么?具体如何推进?谢谢。

[刘功臣] 去年的10月17日,交通运输部和浙江省人民政府签署了共同推进浙江平安海区建设合作意见。这表明交通运输部和浙江省人民政府共同推进浙江平安海区建设活动已经进入了实质性的阶段。你刚才问到平安海区建设的主要内容和成果,主要内容比较多,其中主要的有:一个是涉及交通运输部七条内容,一是交通运输部支持构建浙江沿海海上交通安全的体系,这非常重要。二是加强浙江沿海海上交通应急处置保障体系建设。三是支持浙江航运业和船舶修造产业的发展。四是支持浙江港口和临港工业的发展。五是支持浙江航海教育事业和船员队伍发展。六是支持浙江口岸开放。七是在机构编制上对浙江海事给予倾斜。

同时,涉及浙江省人民政府的有五项内容,一是加强对浙江平安海区建设的组织领导,二是要积极改善浙江水上交通的发展条件。三是进一步健全水上安全监管体系,四是大力支持水上应急救助能力建设,五是积极支持浙江海事工作等。

通过共同推进平安海区的建设,形成"政府统一领导,交通部门综合管理、海事管理机构依法监管、各相关部门积极配合、企业安全自律、群众参与监督、社会广泛支持"的水上交通安全长效管理格局和机制,构建海上交通安全管理链,共建安全、畅通、文明的和谐海域。

这项工作主要是平安海区的建设,重在共建,坚持政府统一领导、部门各司其职、企业积极配合,共同把握平安海区创建活动的正确方向和内涵,凝聚合力,形成共识。在共建工作中,海事部门要统一思想,提高认识;突出重点,狠抓落实;服务大局,体现特色;加强沟通,密切合作,使平安海区创建工作更加扎实、稳步地开展。谢谢。

[中新社的记者] 我是中新社的记者。近年来我国航运经济得到了较快的发展,与此同时,船舶流量也大幅增加,通航密度不断升高。在这些情

况下，海事部门是否采取了一些措施确保海上安全？谢谢。

[**曹德胜**] 非常感谢新闻界的朋友对海事监管工作和海事工作一贯的支持。可以说近几年来我们国家的船舶交通，特别是水上交通的量成倍增长。目前，我国在水上很多指标都位居世界前列。

我国集装箱装卸量近5年一直位居世界前列，2008年有10个港口的吞吐量超过1亿吨。这几年的交通旅游业发展非常快，我国对外贸易量的90%以上是通过航运来实现的，应该说，在社会各界的大力支持下，这几年我们的航运发展也是有目共睹的。同时，航运事业的发展也给海事监管，特别是管埋工作带来了巨大的挑战。下面我向大家介绍几个数字，可能更利于我回答这个问题。从1978年到2008年，衡量我们水上交通安全状况的几个指标，一个是事故件数，2008年的事故件数比78年下降了93.9%，第二个是死亡失踪人数，2008年水上交通的指标比1978年下降了71.2%。第三是沉船艘数，比1978年下降了87.6%。这几个数字都体现了，一方面展示了我国水上交通事业在飞速发展，水上交通流非常大，一方面呈现了我国水上交通安全状况不断好转。

首先，这几年，在交通运输部党组的正确领导下，部海事局做了很多工作，集中在这么几个方面。一个是我们建立了一个机制，就是在监管当中，我们坚持专项治理和长效管理相结合，把建立长效机制作为一个工作重点。所谓专项治理，对一些违法行为，或一些重点船舶的专项治理，目前，我们正在开展的是沿海的内河小船无证到沿海经营的问题，这个时段整治力度很大。我们的重点工作就是要建立长效机制。

第二，我们确定了几个重点。一是船舶，我们把客渡船、客滚船等作为监管的重点。二是我们对重点水域进行监管，我们把渤海、西南水域作为我们的重点，还有长江干线。三是对四船一链的重点环节，就是上面说的几个重点船舶，形成一个安全链，把人船环境有机结合起来。四是重点时段，即加强了对雾季、大风季和恶劣天气的重点时段监管，还有对小长假、长假这样的重点时段进行监管。

通过对重点船舶、重点水域、重点时段的监管，水上交通的安全状况逐步得到好转。当然，这是一项长期的工作，需要调动方方面面的力量，充分落实企业作为第一安全责任人的责任，不断加强监管，提高我们安全监管的水平。谢谢。

［**浙江在线记者**］　我是浙江在线的记者。我想问一下此次演习规模如此宏大，涉及的部门也很多。作为一个普通的市民，应该如何去看懂这次演习？另外这次演习的准备情况能介绍一下？

［**何易培**］　谢谢媒体关注这场演习，关于如何去看这场演习，有很多角度。在我刚才 PPT 演示的基础上，我觉得看这次演习，建议从这几个角度去看。一个要看我们有效地、顺畅地、协调一致的指挥体系，这是我们这次演习的一个亮点，这是看演习的实质、看演习的内容。

还有一个角度去看海上搜救的能力，就看我们这次演习当中调用了多少力量，这些力量在实际搜救当中是不是得到了充分的展现，反映了我国和我省改革开放 30 多年来所取得的成效在海上安全、海上搜救当中有没有得到体现。

第三个角度可能是去看热闹。应该说，这次情景设置当中有一定的可观性，我用的热闹是比较通俗的语言，也就是说这次演习有没有可观性。在这次演习中，海陆空以各种方式参与演练，在现场通过视频大家能看到很多的亮点。如果大家觉得我还没有解释清楚，我想，明天登轮以后，陪同人员会给大家进行逐步深入的介绍。谢谢。

［**中新社记者**］　近年来，浙江海上搜救中心在海上搜救中重点做了哪些工作，能不能介绍一下？谢谢。

［**谢济建**］　非常高兴回答你这个问题。可以这么说，浙江省是一个海域大省，面积是 26 万平方公里。又是一个海洋经济强省和大省。海船拥有量 6800 艘，所以，近几年来浙江海域海事频发，海上事故不断。为了进一步遏制海上事故的发生，浙江省海上搜救中心突出抓了以下几方面工作。

一是处置辖区内重大、特大事件，确实保障海上人命财产安全。二是加强搜救应急机制建设，提高应急能力。三是专门编制了搜救值班的细节手册，提高应急预案的可操作性。四是积极探索研究海上搜救新方法，提升海上搜救组织协调能力。五是积极预防、周密部署，确保台风季节辖区内的水域安全。

我向大家介绍个情况，从2007年到现在，在20多次热带风暴、强台风的抗防工作中，浙江省取得了“不死人、零沉船”的佳绩。下一步浙江海事搜救中心主要从以下方面加强努力。

一是认真履行职责，全面做好搜救工作。二是构建应急平台，提高指挥决策能力。三是完善搜救力量。四是完善搜救装备，提高海上搜救技能。五是加大基础设施建设，建立污染应急设备库。六是建立专门机制，整合渔船搜救力量。七是建立搜救补偿奖励机制，鼓励各方力量积极参与。八是实施“港航强省”战略。借这个机会也向新闻界的朋友通报一组数据。

2008年到今年上半年，浙江海上搜救中心共组织、协调搜救行动265次，出动海事巡逻艇329艘次，协调飞机15架次，救助船舶220艘，救助遇险人员3174人，搜救成功率达到了95.35%以上。谢谢。

附：

出席新闻发布会的新闻机构有新华社、人民日报、中央人民广播电台、中央国际广播电台、中央电视台、经济日报、中国日报、中新社、中国交通报、中国水运报、浙江日报、浙江电视台、浙江电台交通之声、浙江在线、中国交通报、中国水运报等26家。

发布时间:2009年9月24日上午10时

发 布 人:何建中　交通运输部新闻发言人、新闻办主任、政策法规司司长

主 持 人:何建中　交通运输部新闻发言人、新闻办主任、政策法规司司长

发布地点:交通运输部新闻发布厅

2009年"十一"黄金周公路、水路交通运输保障工作情况新闻发布会

发布辞

交通运输部新闻发言人、新闻办主任、政策法规司司长　**何建中**

2009年9月24日

女士们、先生们、新闻界的朋友们:

大家上午好!很高兴又和大家见面。首先,我要感谢大家近一段时间以来对新中国成立60周年交通运输发展成就给予热情关照和积极有效的宣传报道。

今天我要发布的主题是:"十一"黄金周交通运输保障情况,并就大家感兴趣的问题进行回答。今年的"十一"黄金周正好是新中国60华诞,又恰逢中秋传统佳节,休假比往年多一天,对交通运输保障也提出了一些新的要求。今年"十一"黄金周8天时间,我们预测:全国道路旅客运输量将达到4.88亿人次,平均每天6100万人次,跟去年同期相比日均增长6.8%;全国水路旅客运输量将达到737万人次,平均每天92万多人次,与去年相比日均增长4%。

根据这样的客流量,我们在预测的同时,也分析了今年"十一"黄金周期间客流量的特点,表现为三个相对集中:

第一个相对集中，就是客流的高峰相对集中在三个时段，第一个时段是9月30日、10月1日；第二个时段是假期快结束的10月7日和8日；还有一个时段就是中秋节过后，我们预计10月4日也有一个小的高峰，就是人们选择在家里过中秋节以后再出行。

第二个相对集中，是道路运输相对集中了中短途客流，换句话说就是选择中短途路程的旅客将集中在道路运输上，特别是短途客流，预计与去年相比，要略高于刚才我说的道路客流量的增长率，将达到8.1%。

第三个相对集中，是旅游热点地区，及在经济较为发达的地区、中心城市和重点的旅游风景区。至于说今年从城市的角度，北京、四川、云南、浙江、上海等省、市都是我们预测中可能旅客相对比较集中的地方，特别是北京，我们认为，可能过了“十一”以后旅客要相对集中。

除了这三个相对集中以外，就是水上的客运量呈逐年上升趋势，这也是我们的关注点之一。去年黄金周期间的客运量实际上是不到600万人次，今年预计将达到730万人次，我觉得水上客运的区域没变，但客运总量会有所上升。

根据这样一个客流量特点，交通运输部门从七个方面做好了准备，对人民群众的安全、便捷的出行予以保障。

一是早作周密部署，也就是早准备。体现在三个方面：

第一，9月8日，交通运输部就道路、水路旅客运输工作进行部署和提出要求，并且下发通知，要求全国各地交通运输部门在调研、预测的基础上，做好运力准备、组织准备、安全监管和服务的工作，特别是要保障通道的畅通，为旅客运输予以保障。

第二，9月9日，交通运输部召开了交通运输行业的安全、稳定工作的电视电话会议，就安全工作专门提出了要求。

第三，各地交通运输部门按照部总体的部署和要求，建立健全“十一”黄金周期间道路水路运输的组织领导机构，同时，健全领导带班值守制度，做到24小时值班，能够处理和应对在黄金周期间的一些突发事件和需要协调处理的事件。

二是准备充足的运力。我们可以说做到运力充足，主要体现在四个

方面:

第一,全国投入了80多万辆大中型营运客车,其中,旅游客车将近8万辆,日发班次将达到220万个。

第二,投入客船2万多艘,客位100多万个。

第三,根据客流的变化,能够有效的作出灵活的调整,增开加班车、包车,特别是在重点旅游景区还增配了储备客车。

第四,加强了综合运输的衔接。特别是在中心城市,把城市公交、出租车与道路营运客车,以及其他的运输方式,如机场、码头做好有效衔接,同时,根据客流的变化和需要,延长客运场站的营运时间。

三是加强安全监管,做到监管严。主要体现在四个方面:

第一,是节前开展安全大检查,交通运输部组成了四个督察组。从9月10日开始,分别在四大片区和重点区域进行了安全检查,而且是部领导带队,我部李盛霖部长专门带队到湖北和长江中游地区检查安全工作。另外,其他的部领导也分别到贵州、湖南、辽宁等省进行安全检查。

第二,是做到"车、船、人"零缺陷保障。

第三,是客运场站做到"三不进,五不出"。"三不进"就是危险品、无关的车辆、无关人员不能进场站;"五不出"就是加强场站建设和安全管理,做到超载车不能够出去;不合格的车辆不能出去;驾驶员资格不符合要求不出站;车上的证件不全不能出去;检查人员没有签字不能出去,这是安全保障的重要措施。

第四,是执法监督到岗到位,特别是确保水上的安全,执法队除了在平常坚守的基础上,在"十一"黄金周期间,每天都有上万名的执法人员,1200余艘的巡逻船,分布在相应的执法区域和执法岗位,加强巡查,及时发现安全隐患,加强安全监督,做到严格监管。

四是保障通道的畅通。主要体现在以下几点:

首先,要确保路况良好,特别是重点行驶区域,加强巡查,保障路况良好。

其次,减少公路养护影响,按照公路养护技术的安全标准做好这方面的衔接工作。

第三，是增开收费通道，特别是高速公路，因为客流量比较大。另外，也采取复式通道的办法，尽快疏散等候车辆。

第四，是航道水深的维护，一定要达到设标水深的要求，保障安全。另外，“十一”黄金周期间，加强对船闸的安全检查，在平常安全检查的基础上，要设置专班严格检查。同时，保障客船优先的原则，进行合理调度，以保障旅客较快通过船闸。

五是维护市场秩序。做到市场稳定。在“十一”黄金周期间，为确保道路、水路运输市场稳定，我们采取的措施主要有以下几个方面：

首先，是打击非法经营和无证经营，特别要杜绝“拉客”、“甩客”，“倒客”的行为。

其次，要保障投诉渠道畅通，要求各省级交通运输主管部门加强管理，并向社会公布监督投诉电话，及时处理好投诉，同时，也欢迎社会监督。

第三，加强运价的管理，按照道路运输价格管理的规定，由地方人民政府确定，交通运输部门予以配合，重点是加强监督检查，特别防止在节假日期间，违规违法涨价行为。

第四，要严禁超限超载，高速公路入口要严查超载。

六是提供优质服务，做到服务好。

首先，要求交通运输的服务人员要有服务的理念，做到人性化、个性化、规范化的管理。关键是要提供标准的规范化服务，在这个基础上还要有一些特色服务，满足一些特殊需求。

其次，要做到正班正点运行，要求除特殊天气影响外，一定要保障正班正点运行。

第三，售票的方便、快捷。各车船站点要采取预售票、网上售票，增设售票窗口，延长售票时间等措施，方便旅客购票。

第四，要保障设施、设备的完好，特别强调车（船）容、车（船）貌整洁、环境温馨，给人一种到家的感觉。

第五，要提供便民温情服务，特别强调要帮助有困难、有需求的旅客，尤其是重点照顾老幼病残弱等有困难的旅客。

第六，要严格执行“绿色通道”的政策，对于整车合法装载鲜活农产品的持证运输车辆，实行免费优先放行。

第七，要保障出行的信息服务。今年，我们公路路网和应急处置中心也进行了升级，中国公路信息服务网丰富了内容，通过与气象局、相关媒体的合作，把公路的出行信息在这些渠道上予以公布，这样，便于旅客出行之前选择合适的路段、合适的天气、合适的出行时间，这样便于有效的给予保障。特别是黄金周期间，针对选择自驾游的旅客，我们在公路信息网里有特别指导和引导服务。另外，对自驾车旅客关于对路线、路况的查询，包括沿线的加油站、服务区都有告示。

七是做好应急处置，做到反应快。

首先，应急预案到位，全天候（24 小时），全方位（公路，水路，各层级），全景式（透明，快捷）给予保障。各级交通运输部门按照公路、水路突发事件应急预案的要求和指令，做到随时应对，及时有效。

其次，应急的部署要到位，主要是储备运力，无论是公路、水路，都有储备运力，黄金周期间的公路、水路运力是充足的。另外，对社会的运力也有一个总体调配的协调机制。特别是重要区域、省级之间，做到发生突发事件时，能够通过这个机制保证运力的调动。此外，海上的救助将安排 72 艘救护船，12 架救助直升机，18 个应急分队和 3000 多名救助人员，分别布防在重点水域值守待命，特别是在四区一线。

第三，应急指挥到位，各级交通运输部门加强值班，领导带班值守做好监控，特别是做好部省和省际之间的协调机制的落实。

今年“十一”黄金周期间，我们从以上七个方面做好了充分的准备。可以说，运力是充足的，能够满足旅客在黄金周期间选择道路、水路出行的需求，我们做好了交通运输保障的充分准备。

答记者问

[中国水运报记者] 您好,我是中国水运报的记者,我的问题是,今年"十一"黄金周恰逢中秋佳节,海峡两岸的往来会不会更加频繁?请问交通运输部在确保"小三通"方面会有什么样的措施?

[何建中] 海峡两岸在"小三通"方面的措施,一是增加了直航。今年9月初,开辟了厦门到台湾本岛的海上客运直航航线。这对于方便两岸同胞往来给予了保障。二是增加了班次。厦门到金门的"小三通",现在每天发28个班次,在黄金周期间将增加到32个班次。三是加强了安全检查和监管。特别对于台湾海峡这个区域,尤其是对"小三通"的客运,加强了监管。四是提高服务质量。保障在"小三通"的运输船上、码头和客运站点上,为两岸往来的同胞提供便捷的服务。谢谢。

[中国青年报社记者] 今年是新中国成立60周年,北京包括其他各地都会举行一些盛大的庆祝活动,我想问一下,北京在黄金周期间有关安全畅通和保障的问题。

[何建中] 据我所知,北京市交委前不久也有一个对外的发布,据北京市交委预测,在"十一"黄金周期间的客运量将达到1.6亿人次,与去年同期相比增加16%,客运量还是比较大的。保障措施有以下几点:首先是增加运力,大家知道,北京地铁四号线9月底试运营,四号线的运营预计每天将接待40万人次;另外,北京市安排公共电汽车两万多辆,这也是一个有效的保障。同时,重点旅游景区还部署了一些社会运力储备;再一个就是加强了省际之间的协调,据我所知,北京和周边的天津,以及河南都签订了省际之间的协调、协作机制:如果客流量较大的时候,有一个省际之间的调遣;若一旦有突发事件,也有运力储备和应急机制;按照统一的部署要求,北京市还加强安全监管、检查。谢谢。

[人民日报记者] 您好,自从取消了政府还贷二级公路收费,大家反映社会效益、经济效益都很好,不仅降低了旅游成本,而且在今年"五一"黄金周的时候,非常便民利民,也促进了旅游的发展。据我们所知,浙江和广东

两个经济发展的省份还没有取消，不知道为什么，有没有可能在这次“十一”黄金周的时候取消？

[何建中] 取消政府还贷二级公路的收费，这是国务院今年实施成品油价格和税费改革时同步推出的配套改革举措，国务院批准后，几个部委下发了文件，逐步有序取消政府还贷二级公路收费。到今年5月1日之前，中、东部地区15个省中，有13个省一次性取消了政府还贷二级公路收费，剩下浙江和广东还没有取消。据我所知，“十一”之前，肯定不可能取消。但是，我觉得，从国务院文件的要求来看，有这么几个方面的意思，首先，要求在2012年之前，也就是本届政府任期内，中、东部地区15个省份要逐步有序取消政府还贷二级公路收费；第二是逐步有序，所谓逐步有序就是也可以一次性取消，也可以分期分批取消，比如说13个省份，5月1日之前就一次性取消了。那么广东、浙江的应该是分期分批进行，而且，这两个省级人民政府按照国务院总体要求，有这方面的决定权力；第三是浙江、广东应该在政府还贷二级公路的投资结构当中，相对来说要复杂一些。据我所知，这两个省的政府也做好了充分的准备，交通运输部门也制定了具体方案，预计不可能拖到2012年，估计也会在比较短的时间内，根据各省的情况来落实国务院有关这一改革的总体要求。谢谢。

[中新社记者] 据了解，这两年国家加大了对黄金水道的建设力度，请您介绍一下这方面的情况。

[何建中] 长江“黄金水道”经过60年的发展，特别是改革开放30年，尤其是最近10年发生了翻天覆地的变化，长江的货运量、港口货物吞吐量增长速度都比较快。到去年底，长江干线规模以上港口完成货物吞吐量10亿吨，货运量超过12亿吨，特别是江苏以下，尤其是长江深水航道的整治，5万吨级的船都可以溯江而上，甚至可以到达南京。我认为，这与中央加大投资、地方政府高度重视是分不开的，要说这个问题，我认为首先是从政策和投资角度来讲，长江黄金水道发挥了水运的节能、环保、效能比较高的优势功能。

当然，它要满足运输的要求，就需要加强基础设施的建设，这几年，特别是“十一五”期间，中央加大了投资力度，今年，中央新增了10个亿用于长江干线的航道工程建设。这样“十一五”期间，就比原来计划的投资超出了一倍多，“十一五”的前四年，中央对长江航道等基础设施建设投资将达到179亿元，这四年实际上是“十一五”计划投资的1.2倍，二是沿江七省二市地方政府高度重视对长江区域的开发，成立了部省推进长江黄金水道建设协调领导小组，今年6月，沿江七省二市在安徽开会进一步明确了目标和措施，包括政策的扶持。

另外，我们争取中央有关部门加大对长江船型标准化的改造，今年增加10个亿，按照中央和地方政府1:1的构成，加大长江上的船型改造，尤其在三峡库区，船型标准化的力度将会加大。我认为这都是中央政府、地方政府对长江黄金水道开发在资金上、制度层面上、合作层面上采取的一些举措。谢谢。

[光明日报记者] 您好，我是光明日报的记者。我有一个问题，当前，中央提出了“调结构、保增长、扩内需”的政策，把结构调整提到非常重要的位置，我们了解到，现在有些地方，对港口建设特别积极，有的地方甚全出现重复建设的情况，交通运输主管部门怎么样整合港口资源避免重复建设呢？

[何建中] 首先，中央提出了“调结构、保增长、扩内需”的政策，我认为，交通基础设施建设本身就是一个重要的保障，同时，也是一个很重要的贡献，你说的港口建设是不是有重复的问题，我觉得应该说这个问题是存在的。但是，从国家大的规划区域来看，总体上还是按照规划来实施的。这几年，交通运输部门对渤海湾、长三角、珠三角等一些大的重点区域都制定了国家层面的港口建设总体规划，也就是说，拿到国家层面来审批的规划。从整体上看，目前，港口的建设还是适应经济社会发展需要的。

当然，目前可能会有一种现象，大家知道，我们国家进出口货物的运输90%以上是靠海运来实现的，但从去年下半年以来，港口的出口量相对增长比较缓慢，甚至出现了一些滑坡，从表面上看，有一些港口较之于过去几年显得似乎要清淡一些，用一个更加严峻的词，就是萧条一些。但是，这现象不能说明港口建设就有重复的。

第二，目前港口的建设，国家层面还要进行审批，所以，我们从整体上是可控的。

第三，港口建设的投资是社会化的，在交通基础设施建设投资领域内，港口的投资这块开放的比较早，无论是社会资本，还是外资都是可以进入。甚至在港口的建设中，外资控股都可以。

所以，从总体上说，港口建设发展是正常有序的，有些地方有重复建设问题也是可控的，一些港口受金融危机影响，出现短时间“晒太阳”现象，我看也是暂时的。当然，我们会关注一些没按照规划来进行这方面建设的少数区域，加强监管，有效利用可贵的港口资源，避免出现重复建设的现象。

发布会到此结束。谢谢大家。

附：

出席新闻发布会的新闻机构有32家，其中，中国内地新闻机构有新华社、人民日报、新华网、中央人民广播电台、中央国际广播电台、中央电视台、光明日报、经济日报、科技日报、法制日报、工人日报、中国日报、人民政协报、中新社、北京日报、新京报、北京交通台、央视网、中国青年报、中国交通报、中国水运报等30家；港澳地区新闻机构有香港文汇报、凤凰卫视等2家。

发布时间：2009 年 11 月 18 日上午 10 时

发 布 人：成　平　交通运输部公路局副局长

主 持 人：柯林春　交通运输部政策法规司副司长、新闻办常务副主任

发布地点：交通运输部新闻发布厅

国家高速公路网命名和编号实施工作情况新闻发布会

发布辞

交通运输部公路局副局长　**成　平**

2009 年 11 月 18 日

新闻界的朋友们：

大家好！感谢大家出席国家高速公路网命名和编号实施工作专题新闻发布会。下面我从四个方面，向大家简要介绍一下国家高速公路网命名和编号实施工作的有关情况。

一、工作背景

2004 年 12 月，国务院常务会议审议通过了《国家高速公路网规划》，标志着我国高速公路进入了系统化、网络化发展的新阶段。国家高速公路网由 7 条首都放射线、9 条南北纵向线和 18 条东西横向线组成，简称为“7918 网”，总规模约 8.5 万公里。截至 2008 年年底，全国（不含港、澳、台，下同）高速公路通车里程已达 6.03 万公里，其中国家高速公路近 5 万公里，占国家高速公路网规划总里程的 60% 左右。高速公路网络的效益日益显现，在国民经济和社会发展中发挥着越来越重要的支撑作用。

但是，我国高速公路建设初期，由于采取分段式建设、分散式管理的建管模式，路线命名由各地根据建设项目路线走向的起终点地名确定。如北京至拉萨高速公路，北京市命名为八达岭高速、京昌高速，河北省命名为京张高速、丹拉高速，内蒙古命名为呼集高速、呼包高速等。这种带有明显地域特征的命名方式，在高速公路连线成网的新格局下，就带来了"一路多名"、编号不一、标识不规范等一系列问题，在一定程度上影响了国家高速公路网功能的充分发挥和服务水平的提高，给人民群众出行特别是跨区域行驶的群众带来不便，也不能适应公路网络化、信息化管理的要求。

此外，近年来有关人大代表、政协委员均对高速公路命名和编号提出过很好的建议和提案，有关媒体也进行过报道，更有众多热心群众提出过具体改进意见。因此，尽早统一规范国家高速公路网命名和编号，无论是从方便群众出行，还是提高高速公路网服务水平的角度，都是迫切需要的。

正是在此背景之下，为了统一和规范国家高速公路网命名和编号，根据《公路法》的规定，以及《国家高速公路网规划》的要求，原交通部规划司、公路司等有关司局于2005年启动了国高网命名和编号统一规范工作的研究，一方面组织各地对国高网路线进行梳理，一方面着手对相关标准规范进行研究修订，在广泛征求社会各方面的意见、达成广泛共识的基础上，2007年，制定发布了《国家高速公路网命名和编号规则》，2008年，制定发布了《国高网里程桩传递方案》，2009年7月1日，国标《道路交通标志和标线》（GB 5768—2009）正式发布实施。与此同时，我部从2007年7月开始研究部署在全国组织开展国家高速公路网命名和编号实施工作，并以G2（京沪高速）作为示范工程，先行试点。

从国外经验看，统一规范高速公路命名编号是发达国家高速公路管理的一条成功经验，是高速公路发展到一定阶段对高速公路建设管理提出的新要求，也是推进数字公路和智能交通的基础和前提。例如，欧洲大陆各国之间高速公路，尽管国家之间的语言、文化、生活方式等方面存在差异，但均采用统一编码，保证各个国家之间的交通信息的连贯和唯一，并据此建立数字公路和智能交通体系；美国、日本、韩国等国家也按照国家级、地区级等层面确定数字化的线路编号。

二、命名编号的主要内容

《国家高速公路网规划》简称为“7918 网”，由 7 条首都放射线、9 条纵线、18 条横线共 34 条主线以及 5 条地区环线、2 条并行线、37 条联络线组成。《国家高速公路网路线命名和编号规则》充分体现了“7918 网”的编排架构，包括以下几方面主要内容：

一是路线名称使用路线起、终点县级以上行政区地名。国家高速公路路线名称由路线起、终点地名加连接符“—”组成，路线简称由起终点地名的首位汉字组合表示，也可以采用起讫点城市或所在省（区、市）的简称表示。例如，“北京—哈尔滨高速公路”，简称为“京哈高速”。

二是国家高速公路的阿拉伯数字编号采用 1 位、2 位和 4 位数，并与一般国道相区别。国家高速公路网路线编号采用字母标识符和阿拉伯数字组成。由于国家高速公路属于国道网的一部分，因此，字母标识符仍然采用汉语拼音“G”，与一般国道一致。国家高速公路编号与一般国道编号的区别主要体现在数字位数上。现行的国道编号是 3 位数，国家高速公路的编号采用 1 位、2 位和 4 位数，其中：首都放射线采用 1 位数，如京哈高速（北京—哈尔滨高速）编号为“G1”；纵线和横线采用 2 位数，如沈海高速（沈阳—海口高速）为“G15”，青银高速（青岛—银川高速）为“G20”；城市绕城环线和联络线采用 4 位数编号。

三是数字编号的特征有律可循。首都放射线编号为 1 位数，由正北方向开始按顺时针方向升序编排，编号区间为 1 ~ 9。纵向路线编号为 2 位奇数，由东向西升序编排，编号区间为 11 ~ 89。横向路线编号为 2 位偶数，由北向南升序编排，编号区间为 10 ~ 90。

四是建立新的互通立交出口编号。新的出口编号采用里程桩整数值表示，当桩号值超过千位时，编号使用后三位。需要说明的是，国家高速公路的里程桩号将与普通国道一样，全国统排。采用出口编号与里程桩相结合的方式，它的好处在于不仅能避免新增互通立交带来的出口编号重复问题，又能给出行者告知更多的服务信息。出行者可以根据目的地出口的编号数,并结合里程牌,能够自己估算出当前行车位置距离目的出口的距离。

五是对地方高速公路网的命名和编号给出了指导意见。其命名和编号规则原则上与国家高速公路网的命名和编号规则保持一致,其编号的字母标识符采用汉语拼音“S”表示。

三、工作开展情况

对于国高网命名和编号的实施工作,我部部党组高度重视,有关司局也做了大量准备工作,主要有以下四个方面。

一是完善了相关标准规范。为顺利推进命名和编号实施工作,共完善出台国家标准1项,行业标准2项,技术指南(手册)2项。2007年7月,发布《国高网命名和编号规则》(JTG A03—2007);2007年9月,发布了实施《国高网相关标志更换工作实施技术指南》;2008年5月,根据G2京津塘段试点工作的经验,发布了《技术指南》第1号修改单。同时,协调有关部门,加快《道路交通标志和标线》国家标准的审定和出版,国标《道路交通标志和标线》(GB 5768—2009)已于2009年7月1日发布实施。同步,与之衔接的行业标准《公路交通标志和标志标线设置规范》(JDG D82—2009)和配套图书《公路交通标志和标线设置手册》也于2009年10月1日起施行。

二是制定工作方案并动员部署。2007年7月20日,以部文发布了《关于开展国高网命名和编号调整工作的通知》,正式启动了国高网命名和编号实施工作。并于7月24日召开“国高网命名和编号实施工作电视电话会议”,动员部署了此项工作。

三是确定路线走向和里程桩传递方案。组织各地对国高网路线进行梳理,明确每条路线具体走向。在初步确定的《国高网路线规划》基础上征求各地意见,对桩号传递方案进一步完善,2008年5月,召开了“桩号传递方案校核会”。2008年7月,完成并发布了《国高网里程桩传递方案》。随着方案、新国标等技术政策文件的逐步完善和发布,国高网的路线命名、编号和桩号传递工作的技术准备基本完成,具备了统一实施的条件。

四是开展G2(京沪高速)示范工程试点工作。2007年9月,部组织完成了对G2京津塘路段试点示范工程全线施工图设计的批复,并召开专题协调会，推进试点工程实施。2008 年 1 月 8 日，北京六环路至泗村店立交共 44 公里路段单向标志更换工作完成。2008 年 12 月，技术支撑单位开始 G2 示范工程沿线各省（市）交通标志改造施工图设计的咨询工作；2009 年 6 月底，部公路局在山东济南召开“G2 示范工程技术方案咨询会”，并向全国印发会议纪要。8 月中旬，完成全线的设计审查工作。

目前，各地已按新标准对新建高速公路进行设计和施工。从已建成通车高速公路的实施情况看，河南、辽宁、安徽、宁夏和江西五省（区）已经完成实施工作，湖北、贵州、云南等九省份完成 80% 左右实施工作。

四、下一阶段工作安排

从前一阶段实施工作情况来看，实施工作进展顺利，社会反响良好。为进一步推进国家高速公路网命名编号实施工作，部将采取以下措施。

一是明确完成时限。根据我部的统一部署，国家高速公路网命名编号实施工作将在 2010 年 7 月底前完成。届时，各地将按照新国标、相关技术规范要求，完成国家高速公路的命名编号标志、指路标志、里程牌等相关标志的更换工作，规范和完善限速标志的设置，更新公路数据库等信息系统。同时，对其他公路上引导进入高速公路的标志也要进行更换和完善，确保车辆顺畅进入高速公路。

二是加强组织领导。国家高速公路网相关标志的更换工作涉及面广，参与单位多，社会敏感度高，工作难度大，任务繁重。各地在实施过程中将按照部电视电话会议精神和有关要求，进一步细化实施方案，加强组织领导，分解落实各相关单位的责任和任务，及时协调解决实施过程中出现的各种问题，确保标志更换工作有序进行以及新旧标志系统的平稳过渡。同时，加强与公安交通管理等部门的沟通和协调，争取各方面的支持，共同做好实施工作。在标志更换作业中，高速公路经营管理单位要督促施工单位，按照相关规定做好作业区布设和交通引导工作，确保施工和行车安全。

三是做好技术审查和培训工作。各地在实施工作前将组织好设计方案的统一审查，确保路段之间、地域之间标准一致、衔接顺畅。审查过程中，要以指路标志、地点距离标志、信息板标志等为重点，切实提高指路信息的系统性和科学性，努力做到通过指路信息指引即可实现便捷出行，不得因相关标志和命名编号的变更影响公众出行。对于新国标及部标的宣贯工作，除部组织分片区培训外，各地还会组织开展内部培训和宣贯，使相关技术和管理人员能够掌握相关技术规定，不断提升交通标志标线设置的设计水平。

四是切实做好宣传引导工作。宣传引导是平稳过渡的关键。各地在实施过程中将统一制定宣传方案，积极争取有关媒体的支持，充分利用政府网站和各种媒介，广泛宣传实施工作的重要意义和新旧命名编号对照等情况，为标志更换工作创造良好的舆论氛围，帮助群众便捷出行。此外，各高速公路经营管理单位也要充分利用收费站、服务区等场所，向驾乘人员免费发放新旧命名编号对照地图、编号规则、出行信息等，为公众方便使用新命名编号系统提供便利，尽量减少、尽快缩短命名和编号工作对道路运输生产和社会公众出行造成的影响，尽快实现新旧标志的平稳过渡。

新闻界的朋友们，国家高速公路网命名和编号的实施，是一项复杂的系统工程，是高速公路标志的一次革命性调整，是直接关系社会公众出行的一次重大变革。我们衷心希望也会竭尽全力把这件直接关系人民群众切身利益的大事办成办好，为社会公众提供更加安全便捷的出行条件。在此，也诚恳地希望新闻界的各位朋友继续关心、理解、支持国高网命名编号的实施工作，大力宣传国家高速公路网命名和编号的规则、与旧的标识体系的不同之处等，以便社会公众在第一时间获取第一手的相关信息。谢谢大家！

答记者问

[中国公路杂志社记者] 国高网命名和实施工作的主要意义是什么?能给公众带来哪些好处?

[成平] 说到意义,我前面介绍了为什么要做统一编号。这样能使命名更加规范,更加具有连贯性,方便大家记忆。也就是路上的标识,或是相邻的高速路有一个连贯的编号,并且这些编号也具有一定的逻辑性,具命名本身也是唯一的,这样就不会造成混乱。同时,传递给出行者的信息也就更加简明,这是特点。对于老百姓来说的好处就是易于识别,数字相对于文字肯定是更容易辨识和记忆,也容易理解。也方便了国外的出行者,不识字者或不懂汉字的出行者来辨识。同时,还可以方便用路者去预判。所谓预判,因为有数字编码、数字出口、里程数等提示,那么你可以此判断从这个点到下一个点,或者目的地与当前位置之间的距离和方位。所以,现在新的这一套命名编码,可以让出行者从原来对点的认识,扩展到现在对线的认识,甚至对面的认识。我认为,是"两个有利于"。

一是对于出行者而言,有利于安全、高效、便捷的出行,为什么这么说?拿到一张地图以后,在出行之前可以作策划,选择路线,根据路线的编号知道它的位置,在哪个出口可以从某一号高速转换到另外一号高速,包括怎么去转,在哪个节点转,在出行过程中可以很方便调整路线。而且不需要记路线的名字,只要记公路数字编号,以及你要去的下一条高速公路的编号就可以了。特别现在自驾车多了,长途运输也多了,公路作为基础设施,在运量上,在综合运输体系里地位重要,大家选择的比较多,利用高速公路长途出行的概率也是非常多,在出行中只要熟悉路线的编号就可以很方便的出行了。

二是有利于提供出行的信息服务。我们的信息是很准确、很唯一的信息,能够及时传达到需要信息的人手里面,而且很简单、直观,帮助出行者及时理解出行信息,同时,也有利于我们对公众进行网络化的管理,发挥路网效应,提升路网的服务水平。

[**法制日报记者**] 新标志更换从什么时候开始，什么时候结束？全国可能会更换多少块标志？费用是多少？会不会通过招标进行？

[**成平**] 从2007年开始，我们就开始筹备实施，这两年以国家二号高速公路京津唐段为示范工程，进行试点，目前，示范工程刚刚完成，效果不错。同时，各省也同步开始做一些实施的准备工作。我们要求各地在2010年7月底完成工作。但是，各地在具体实施过程中也许会遇到一些问题，因为这个实施工作不是简单地把标志板插在路上，简单去换，它还要对整个路线的标志标线做一个系统设计，哪个位置需要插几块，插什么样的，插在具体什么位置，怎么去落实这块标志板，也要有设计。设计方案还需要统一审核，确保互相之间的衔接统一，审查以后各地才能根据这个设计的图纸来具体实施，它是需要时间的。对于需要更换多少块，目前阶段还难以说清楚。具体数据要等各地公路完成后才能够汇总得到，费用也是一样的，但是，我们会要求各地本着节约的原则，严格按照规定的程序和要求，去规范实施。

[**北京交通台记者**] 这项工作为什么选择在这个阶段来进行？

[**成平**] 简单说是两条：一是条件；二是需求。所谓条件，就是说目前已具备这个条件，我们应该做这个事了。现在，我国高速公路已经建成6万多公里，已基本上形成网络骨架，而且这两年还在加快建设，高速公路将很快形成网络。在这个前提下，我们从网络化管理的角度考虑，实现系统统一的命名和编号，我认为是具备条件的，也是有必要的。所谓需求，主要有以下几方面：一是对于公众而言，大家也反映一路多名的问题，确实造成一些混乱，公众也需要有一个简明、准确、可靠的信息。这几年自驾车出行的多了，大家对出行的要求也高了，这对我们的出行服务信息的提供也提出了新的要求。从国际经验看，目前在中国的外国友人多了，他们对于我们目前提供的以地名为主的公路标志和命名等出行服务系统，在确认上存在难度。现在的这套命名，不管你来自何方，采用何种语言，对他们都是很方便的。二是我们提供信息化服务，或者是提供一些路段、路况的服务，也需要有一个统一的、规范的、准确的、简明的命名体系去给公众提供服务。

所以从这两个角度讲，现在做这个工作是必要的，也是应该的。

［**人民日报社记者**］ 我也是驾驶员，我作为一个新驾驶员来讲，对高速公路网的新命名特别欢迎，因为我觉得很简便。但是，有很多老驾驶员反映，原来的路他很熟悉，换成新的标志之后，反而觉得不方便、不适应了。在这个过渡期期间，我们有什么样的措施来补救，前一段在上海更换路牌的情况下，也出现了一些小问题，就是驾驶员出去的时候，突然间觉得自己迷路了。鉴于这些问题，我们现在有什么新的措施，使过渡更加平稳。

［**成平**］ 首先应该承认，在过渡期间肯定会给部分出行者带来一些不便，这是事实。但是，这需要一个过渡期来让大家逐步适应。如何让过渡期尽可能短一些，尽可能平稳衔接，这是我们重点考虑的问题。对此，我们也采取了一系列的措施。首先，还是要靠各位大力宣传，让广大群众知道、了解这些变化，从思想上认识到这是一个好事，是为大家服务的一个好事。

具体来讲，在过渡期间，考虑到新旧标志和命名系统，不可能一夜之间全部转换，确实需要一个衔接和过渡。除了刚才说的宣传以外，还将采取以下几方面的措施：

一是在公路上增加信息标志、可变信息板等提示标志，要求行业管理部门和路段经营管理单位加强动态宣传，标志牌更换中，要配合标志更换工作进展、交通管制措施实施等工作，广泛宣传工作进展情况，强化行车路线说明、指引，充分利用公路沿线的提示设施发布动态信息。更换工作完成后，要特别注意利用各级政府部门网站以及广播、通信、网络等媒介，保持一定的宣传强度，针对新旧命名和编号进行宣传，特别是与普通公路网、城镇道路的连接等新信息，尽最大可能方便社会公众出行。

二是要求各高速公路经营管理单位充分利用收费站、服务区等场所，向司乘人员免费发放新旧命名编号对照地图、编号规则、出行信息等，为公众使用新命名编号系统提供便利，尽量减少、尽快缩短命名和编号工作对道路运输生产和社会公众出行造成的影响，尽快实现新旧标志的平稳过渡。

我觉得，现在我们技术上不是障碍了，关键是细节。在我们实施过程中，要做好衔接，避免出现同一个地点叫两个名的情况发生。

附：

出席新闻发布会的新闻机构有新华社、人民日报、中央人民广播电台、中央国际广播电台、中央电视台、光明日报、中国青年报、经济日报、法制日报、工人日报、中国日报、中新社、经济观察报、新京报、北京交通台、央视网、每日经济新闻、中国交通报、中国公路杂志社等25家。

发布时间：2009 年 11 月 24 日上午 9 时

发 布 人：蔡玉贺　交通运输部综合规划司副司长

张德华　交通运输部公路局副局长

李关鹏　交通运输部水运局局长助理

洪晓枫　交通运输部科技司副司长

王建斌　交通运输部水运局工程管理处副处长

魏道新　西部交通建设科技项目管理中心副主任

主 持 人：柯林春　交通运输部政策法规司副司长、新闻办常务副主任

发布地点：交通运输部 5 层会议室

国家实施西部大开发 10 周年——公路、水路交通运输建设成就新闻通气会

情况介绍一

交通运输部综合规划司副司长　**蔡玉贺**

2009 年 11 月 24 日

女士们、先生们、各位记者朋友们：

大家上午好！自中央确定实施西部大开发战略以来，我部坚决贯彻落实中央部署，行动快、措施实、效果显著，西部地区公路水路交通基础设施发展发生了深刻变化，为促进西部地区经济发展、社会进步、边疆稳定、民族团结发挥了巨大作用。

一、完善行业发展规划，加强规划指导，为西部地区公路水路交通基础设施快速发展提供有力支撑

规划是行动的先导。在中央提出实施西部大开发战略的部署后，我部

立即启动了相关规划的编制工作。根据西部地区交通发展的特点和需求，编制印发了《加快西部地区公路交通发展规划纲要》和《西部地区内河航运发展规划纲要》，作为加快西部地区公路建设发展的指导性文件，明确了西部地区公路水路发展目标和发展重点，为西部地区公路水路交通快速发展奠定了基础。随后，又印发了《西部开发省际公路通道建设规划》和《关于印发西部地区"十五"公路建设规划目标的通知》，西部地区各省（市、区）交通主管部门结合当地实际，进一步编制了本地区的"十五"公路水路建设发展规划，使西部地区公路水路交通建设得以科学、有序、协调开展。

"十一五"以来，我部陆续编制了《国家高速公路网规划》、《农村公路建设规划》、《全国沿海港口布局规划》、《全国内河航道与港口布局规划》，形成了较为完整的交通长远发展规划体系，增强了全国和西部地区区域性交通发展的系统性、前瞻性和科学性，为支撑国民经济发展、促进区域经济协调发展创造了有利条件。

党的十七大提出"推动区域协调发展，缩小区域发展差距，注重实现基本公共服务均等化，深入推进西部大开发"的要求，我部按此要求，配合国家发改委开展了促进新疆、宁夏、广西、甘肃等地区经济社会发展问题的研究，参加了对西藏和青海等地区的专项调研，提出了加快各地区交通发展的思路及相关支持措施；与重庆市人民政府签署了《关于建设统筹城乡交通发展改革实验区的合作协议》，结合关中—天水经济区、云南省兴边富民工程、青海三江源国家生态保护综合实验区等相关规划，对所涉及的公路水路建设项目予以了积极支持。

二、出台扶持政策，加强政策引导，为西部地区公路水路交通基础设施快速发展提供有力保证

为切实解决西部地区交通建设资金难的问题，我部对西部地区公路水路建设项目实施倾斜的差异化资金补助标准，在高速公路、通县及县际油路、国省道改造、农村公路建设以及内河航运项目建设等方面给予全面支持。重点公路方面，部专项资金补助标准是中、东部地区的1.3~1.8倍，水运建设项目为1.2~1.5倍。考虑到西部少数民族地区、边境地区及贫困地

区财政困难的实际情况，从2009年开始，对西部"少边穷"地区建制村通公路补助标准提高了1倍(由10万元/公里提高到了20万元/公里)。积极鼓励西部地区交通部门建设航电枢纽，"十五"和"十一五"期间我部用于西部地区航电枢纽的投资是其他地区总数的1.5倍。"十一五"期，在停止对沿海港口和东部内河港口码头设施建设安排中央投资的情况下，对西部地区的内河港口建设实行特殊政策，依然给予资金支持。在年度计划的安排上，在中央车购税资金有限的情况下，优先考虑西部地区的项目安排。

上述倾斜性投资政策缓解了西部地区交通建设资金不足的难题，调动了地方政府积极性。西部各省(市、区)也有针对性地制订了区域性倾斜与优惠政策，重点扶持经济落后、交通发展落后及交通需求最为急切的地区，有效地推动了公路水路交通建设与发展。

三、十年来公路水路交通发展成就

(一)公路水路交通基础设施建设快速发展

2000年至2008年，西部地区公路水路交通建设累计完成投资13386亿元，是新中国成立到1999年30年完成投资总和的5.4倍，交通建设完成投资之巨，增长幅度之快，是历史上前所未有的。

——公路网结构日趋优化。按照"规模充分、功能完善、等级合理、形态稳定"的公路网建设与发展目标，西部开发以来，公路通车里程快速增加，由1999年的53.3万公里增加到2008年的142.1万公里；路网覆盖范围明显扩大，公路网密度由7.7公里/百平方公里增加到20.6公里/百平方公里；路网等级不断提高，高速公路里程由2529公里增加到16456公里，二级以上公路里程由35131公里提高到99478公里。

——骨架公路通道初步形成。随着《国道主干线建设规划》、《西部开发省际公路通道建设规划》、《国家高速公路网建设规划》的实施推进，自2000年以来，西部地区国道主干线、西部开发省际公路通道和国家高速公路得到了快速发展。到2008年底，西部地区国道主干线全部建成；西部开发省际公路通道规划里程15832公里，已全部开工建设，其中86.3%的路段已经建成；国家高速公路网西部地区规划里程35907公里，已建成15493公里，占

43%，在建6189公里，占17.2%。西部地区横连东西、纵贯南北、通江达海、联结周边的骨架公路通道初步形成，西部地区干线公路的技术等级和服务水平得到有效提高，西部地区与东中部地区的交通及经济联系明显加强。

——农村公路建设成就显著。加强西部地区农村公路建设是构建西部农村公共服务体系、建设社会主义新农村的必然要求。西部开发以来，农村公路得到了快速发展，2008年年底，乡镇、建制村公路通达率分别达到的98.3%和81.2%，乡镇、建制村公路通畅率分别达到的77.5%和35.0%。西部农村地区农村公路服务水平得到有效提高，许多农民群众摆脱了"晴天一身土，雨天一身泥"的出行困境，走上了沥青路或水泥路，显著改变了西部地区末梢路网落后的局面。

——内河水运基础设施显著改善。十年来，西部地区内河水运基础设施面貌改善明显，建设成效显著。长江上游已达到三级航道标准，西江航运干线已达到三级及以上航道标准，嘉陵江、右江航电结合、梯级开发稳步推进，红水河、右江复航工程取得重大突破。主要港口和库区水运基础设施较大改观，重庆、泸州、贵港等港口建成一批内河集装箱、大宗散货和汽车滚装专业化泊位，重庆长江上游航运中心初具规模，库区和山区群众水上出行及运输条件极大改善。

——广西壮族自治区沿海港口建设稳步推进。经过西部大开发10年的建设发展，广西区沿海港口建设取得了较大进展，港口面貌发生了较大变化，形成了防城港港为综合性枢纽港、钦州港企业专用码头和公用码头共同发展、北海港以商贸旅游功能为主的格局。2008年广西沿海港口共有各类生产性泊位205个，其中万吨级及以上泊位40个。沿海港口的快速发展有力推动了北部湾经济区开放开发，对重大产业布局和临港工业发展起到了重要作用。

（二）公路水路交通运量大幅提升

随着西部地区公路水路交通基础设施的改善和经济社会的快速发展，公路水路运输获得了长足发展。公路水路运输量持续快速增长，2000年至2008年，西部地区公路货运量和货物周转量分别从25.9亿吨、1581.2亿吨公里增长到49.6亿吨、7101.8亿吨公里，增长了1.9倍和4.5倍；内河水运货运量和货物周转量分别从1999年的0.55亿吨、180亿吨公里，增长到2亿吨、1199.8亿吨公里，增长了3.6倍和6.6倍。广西区沿海港口吞吐量由2000年的1288万吨，增长到2008年的5828万吨，年均增长44%。

公路水路运输结构不断优化升级。西部地区公路运输车辆逐渐向大型化、专用化、厢式化发展，推动了西部地区快速客运、快速货运、公路集装箱运输以及现代物流业的迅速崛起，推动了传统客货运输向新型现代化的客货运输发展；安全性更高、运输能力更强的机动船舶得到大力发展，运输条件和可靠性显著增强。公路水路运输逐步实现向快捷、舒适、安全、高效转变，人便于行、货畅其流的交通运输网络正在加快形成。

（三）公路水路交通对经济社会的支持保障作用更加显著

西部地区公路水路交通的快速发展，为改善西部地区经济发展环境、支撑经济快速、健康发展奠定了坚实的基础，对于区域经济协调发展和老少边穷地区人民生活水平的提高发挥了积极作用。

西部开发以来，国道主干线和西部省际通道的快速建设，有力地推动了经济带和产业带的形成，西陇海—兰新线经济带、呼包—包兰经济带、长江上游成渝经济带和南贵昆经济区四条重点经济带在公路等交通基础设施的带动下逐步凸现。随着作为新亚欧大陆桥复线的连霍高速公路和西南出海大通道的建设和贯通，有力推动了西部地区开放开发，对重大产业布局和工业发展起到了重要作用。西部地区通县公路、县际及农村公路建设、“通达工程”、“通畅工程”等一系列重大举措，极大改善了西部地区农村生产和生活基础设施条件，为西部地区扶贫开发事业奠定了坚实基础。同时，西部地区公路水路交通网络的完善，对于提高国防保障能力、快速反应能力、应对突发事件能力具有积极意义，在保障国家主权、人民财产权利中发挥着重要作用。

情况介绍二

交通运输部公路局副局长　**张德华**

2009 年 11 月 24 日

女士们、先生们、新闻界的朋友们：

大家上午好！自国家实施西部大开发战略以来，广大交通运输系统干部职工在党中央、国务院的正确领导下，在西部各省（区、市）党委、政府和广大人民群众的大力支持下，认真贯彻落实中央关于西部大开发的各项决策，自力更生，艰苦奋斗，开拓进取，顽强拼搏，投资力度不断加大，建设速度不断加快，西部地区公路交通发生了翻天覆地的巨大变化，在公路规模、工程质量、服务水平以及公路通达深度等各方面均有显著提高，为促进国民经济发展、改善人民群众生活、扩大对外开放、加强民族团结、巩固国防安全等方面都发挥了重要作用。

一、公路建设取得巨大成就

（一）公路里程不断增长，通达深度不断提高

1999 年年底，西部地区公路通车总里程 532650 公里，其中，高速公路 2529 公里，一级公路 1630 公里，二级公路 30972 公里，二级以上公路总里程 35131 公里，公路密度为 7.73 公里/百平方公里。2008 年年底，西部地区公路通车总里程达到 1421087 公里，其中，高速公路 16455 公里，一级公路 9628 公里，二级公路 73394 公里，二级以上公路总里程 99477 公里，公路密度达到 20.61 公里/百平方公里。与 1999 年相比，2008 年年西部地区公路总里程是西部大开发之前的 2.67 倍，二级以上公路总里程是西部大开发之前的 2.83 倍。如新疆，1999 年底公路通车总里程 33484 公里，其中，高速公路通车里程为 170 公里，二级以上公路 5313 公里；至 2008 年底，公路通车总里程 146652 公里，其中，高速公路通车里程为 640 公里，二级以上公路 11071 公

里。十年间,公路通车总里程增长 3.4 倍,高速公路增长了 2.8 倍。再如西藏,1999 年年底公路通车总里程 22475 公里,2008 年年底为 51314 公里,是 1999 年的 2.3 倍,公路增长很快。

西部地区农村公路建设步伐明显加快。1999 年年底西部地区县乡公路里程 381049 公里,2008 年年底西部地区县乡公路里程 601624 公里(自 2006 年起村道纳入统计后,2008 年西部地区农村公路总里程为 1207900 公里),是 1999 年的 1.58 倍(包括村道为 3.2 倍)。2008 年年底西部地区乡镇总数 16343 个,通公路的乡镇 16063 个,乡镇通达率达到 98.29%;建制村共 192320 个,通公路的建制村 156245 个,建制村通达率达到 81.24%。

(二)公路建设投资力度不断加大

1999 年全社会公路建设完成投资 2189 亿元,其中西部地区完成投资 591 亿元,占 27.0%。2008 年全社会公路建设完成投资 6881 亿元,其中西部地区完成 2299 亿元,占 33.4%。与 1999 年相比,西部地区公路建设投资额增加了 2.9 倍,占全国公路建设完成投资的比重增加了 6 个百分点。2008 年,四川、陕西、重庆等省市完成公路建设投资额超过 200 亿元。

(三)高速公路发展迅速

1999 年年底,全国高速公路里程 11605 公里,其中,西部地区高速公路里程 2529 公里,占 21.8%;2008 年年底,全国高速公路里程 60302 公里,其中,西部地区 16455 公里,占 27.3%。与 1999 年相比,2008 年西部地区高速公路里程是西部大开发之前的 6.5 倍,占全国高速公路总里程的比重增加了 5.5 个百分点。

西部地区国家高速公路网建设进展顺利。国家高速公路网西部地区规划里程 35907 公里,截至 2008 年底,国家高速公路网西部地区建成里程 15493 公里,(占西部地区规划里程的 43%,下同),在建 6189 公里(22%)。

(四)西部地区八条通道基本建成

根据国务院西部大开发战略决策和部署,交通部在"五纵七横"国道主干线的基础上,在西部地区十二省市规划了八条通道,即阿荣旗至北海公路、兰州至云南磨憨公路、阿勒泰至红其拉甫公路、西宁至库尔勒公路、银川至武汉公路、西安至合肥公路、重庆至长沙公路、成都至西藏樟木公路，总规模约1.8万公里，原则上以二级以上公路技术标准实施。目前，西部八条通道已经基本建成，大大改善了西部地区通行条件，为西部大开发战略的顺利实施发挥了重要作用。

（五）桥梁建设取得重大进步

随着公路建设的迅速发展，西部地区桥梁建设水平不断提高。1999年底，西部地区共有桥梁60718座、1880209延米，其中特大桥185座、100724延米。到2008年底西部地区共有桥梁139519座、5981876延米，其中特大桥305座、349453延米。

贵州省坝陵河特大桥，位于贵州省关岭县与黄果树管理区交界处的坝陵河大峡谷上，桥面至谷底常水位370米。大桥主跨为单跨1088米简支钢桁加劲梁悬索桥，同类桥型跨径居全国第一、世界第六，造价14.8亿元。2005年4月开工，2009年5月合龙，2009年底建成通车。

（六）隧道建设进入世界先进水平

1999年底，西部地区共有公路隧道45座、10410延米，没有一座长隧道、特长隧道。到2008年底，西部地区共有公路隧道1961座、1102871延米，其中，特长隧道50座、240198延米，长隧道217座、362684延米。

全长18公里的陕西秦岭终南山隧道、全长12公里的甘肃麦积山隧道相继建成。终南山隧道是西部开发通道包头至茂名公路的控制性工程，穿越秦岭山脉腹地，全长18公里，总投资32亿元，双向四车道高速公路标准，2007年1月建成，在世界公路隧道中，里程长度位居第二，建设规模位居第一，项目建设过程中，组织开展了特长隧道通风、防灾救援、监控、定额、环保、运营管理、信息等7个方面的课题研究，集中体现了我国的隧道建设能力和技术水平。

（七）公路设计、施工和管理水平显著提高

西部地区公路科技创新能力显著增强，在数字化规划技术、自动化勘察设计技术，沙漠、黄土、盐渍土、多年冻土、膨胀土、岩溶等特殊地质条件下的成套筑路技术，高速公路拓宽改造技术，大跨径桥梁和长大隧道的设计、施工成套技术，路面新材料开发应用等方面取得了重大成果，公路建设科技贡献率不断提高，推动了公路建设技术进步。

（八）公路建设理念不断提升

西部地区地形地质条件复杂，生态环境脆弱。为加强公路建设过程中生态环境保护，坚持科学发展，自 2004 年开始，在四川省川主寺至九寨沟公路成功试点的基础上，交通部在全国推行勘察设计典型示范工程，提出“坚持以人为本，树立安全至上的理念；坚持人与自然相和谐，树立尊重自然、保护环境的理念；坚持可持续发展，树立节约资源的理念；坚持质量第一，树立让公众满意的理念；坚持合理选用标准指标，树立设计创新的理念；坚持系统论的思想，树立全寿命周期成本的理念”的“六个坚持六个树立”的勘察设计新理念，其中宝鸡至天水高速公路甘肃段、云南省小勐养至磨憨公路等西部地区 20 个项目被列为典型示范工程。按照“安全、环保、节约、实用、创新”的建设方针和“不破坏就是最好的保护”的原则，强调在设计上最大限度地保护生态环境，在施工中最小程度地破坏和最大限度地恢复生态环境。通过勘察设计典型示范工程活动，西部地区公路建设水平大大提高。

（九）公路建设管理不断加强

西部各省交通运输主管部门结合本地实际，普遍落实了项目法人制、招标投标制、工程监理制和合同管理制等四项制度，制定了一系列提高工程质量、安全管理水平的制度和指导意见，工程质量责任制和安全责任制进一步落实，工程质量明显提高；积极探索建立规范公路建设市场的长效机制，市场信用体系建设取得显著进展；招投标监管力度不断加大，廉政建设、环境保护已经形成制度；科学发展的要求深入人心，公路建设呈现又好又快发展的良好局面。

二、公路建设成效显著

西部地区地广人稀，山岭众多，交通不便是长期制约经济社会发展的重要因素。公路基础设施建设对于西部地区改善通行条件、加强交流沟通、实现脱贫致富，起到重要作用，产生了显著成效。一是公路交通的发展，为人们出行和货物流通创造了便捷的条件，为经济和社会的发展奠定了良好的基础；二是改善了投资环境，促进了沿线地区土地开发和产业结构调整，对社会发展产生了积极影响，特别是高速公路的建成，促进了经济产业带的形成和区域经济的繁荣；三是各地机场公路、疏港公路以及重要能源和原材料产地公路技术状况的普遍改善，促进了综合运输体系的发展；四是加强农村公路建设，改善了贫困、边远地区的交通条件，促进了农业发展，促进了社会主义新农村建设；五是公路建设扩大了需求，增加了就业机会，带动了建材、石化、机械、汽车、旅游、商业等相关行业的发展，为国民生产总值的增长作出了贡献；六是公路的开通促进了信息交流，有利于当地人民群众开阔眼界、转变观念，使西部地区与东中部地区联系更加紧密，促进了经济发展和社会进步。

三、西部地区公路典型项目

(一)四川省川主寺至九寨沟公路

是我国公路与自然环境相和谐的交通环保示范样板，是我国第一条环保标志性路段。川九路按照"安全、舒适、环保、示范"方针进行建设，以生态环境保护为核心，最大限度地减少对生态环境的破坏。坚持"以人为本"的理念，充分满足人们对出行安全性、舒适性、愉悦性的要求。在生态环境保护上，突出了与当地自然风光相协调。这些理念的确立，带来了公路建设管理、设计、施工、监理等全方位的理念创新和工作创新，探索了交通建设生态环境保护和可持续发展的有效途径。

(二)云南省思茅至小勐养高速公路

是昆明至曼谷国际通道的组成部分，也是国家高速公路网的组成部分，该项目穿越西双版纳热带雨林，沿途动植物资源极其丰富，自然景观优美。为有效保护沿线生态环境，建设者们在技术理念上大胆创新，坚持"保护与恢复并重"和"人与自然和谐发展"的原则，注重突出环境保护、突出安全新理念、突出服务功能、突出民族文化特色，实现了"车在路上行，人在画中游"的美好愿望，建成了一条集热带雨林风光、乡土文化、人文元素和现代科技于一体的高速公路。

1999 年和 2008 年西部地区公路基本情况对比(按技术等级分)

里程单位:公里

年份	总计	高速	一级	二级	三级	四级	等外
1999 年	532650	2529	1630	30972	103726	290992	102801
2008 年	1421087	16455	9628	73394	133328	660303	527979
倍数	2.67	6.51	5.91	2.37	1.29	2.27	5.14

1999 年和 2008 年西部地区公路基本情况对比(按路面材料分)

里程单位:公里

年份	总计	沥青混凝土	水泥混凝土	简易铺装路面	未铺装路面
1999 年	532650	19401	7623	121834	383792
2008 年	1421087	117765	146769	209576	946976
倍数	2.67	6.07	19.25	1.72	2.47

1999 年和 2008 年西部地区公路基本情况对比(按行政等级分)

里程单位:公里

年份	总计	国道	省道	县道	乡道	专用公路	村道
1999 年	532650	57756	72965	185700	195349	20880	—
2008 年	1421087	69493	107000	232106	369518	36693	606276
倍数	2.67	1.20	1.47	1.25	1.89	1.76	—

1999 年和 2008 年西部地区公路桥梁情况对比

年份	桥梁总计		永久性桥梁		特大桥		互通式立交桥	
	座	延米	座	延米	座	延米	座	延米
1999 年	60718	1880209	58720	1840659	185	100724	298	43518
2008 年	139519	5981876	133417	5831173	305	349453	1524	185839
倍数	2.30	3.18	2.27	3.17	1.65	3.47	5.11	4.27

1999 年和 2008 年西部地区公路隧道、渡口情况对比

年份	隧道总计		特长隧道		长隧道		渡口总计	机动渡口
	座	延米	座	延米	座	延米	处	处
1999 年	45	10410	0	0	0	0	178	105
2008 年	1961	1102871	50	240198	217	362684	589	341
倍数	43.58	105.94	—	—	—	—	3.31	3.25

情况介绍三

交通运输部水运局局长助理　**李关鹏**

2009年11月24日

女士们、先生们、各位记者朋友们：

大家上午好！1999年国家开始实施西部大开发战略以来，我部认真贯彻党中央、国务院有关西部大开发的各项决策和部署，加大对西部水运建设的投入，认真落实《西部内河航运发展纲要》和《全国内河航道和港口布局规划》，按照"统筹兼顾，着眼未来，立足当前，突出重点"的原则，有计划、分步骤推进水运基础设施的建设，充分发挥了水运的占地少、能耗低、运输成本低和运量大的比较优势，取得了较为突出的成绩，显著改善了西部地区水运落后的面貌。

一、十年建设，喜看五大变化

（一）建设投资力度显著加大

十年来，西部水运基础设施建设共完成投资325.6亿元，其中，内河投资236.7亿元，沿海投资88.9亿元，年度总投资由1999年的7.3亿元增加到2008年的78.9亿元，年平均增速为30.2%。投资特点可概括为"两个提高"，一是西部水运投资在西部交通投资中的比重逐年提高，由1999年的1.6%增至2008年的3.2%；二是西部内河水运投资在全国内河投资中的比重也逐年提高，由1999年的12.2%增至2008年的26.9%。

（二）内河航道等级显著提高

十年来，实施了长江干线重庆至宜宾340公里航道整治工程、南北盘江和红水河四级航道整治工程、西江干线贵港至梧州290公里二级航道工程等一大批重大工程，使西部地区航道通航里程及航道等级均得到了大幅度的提升。

西部地区航道总里程从1999年的2.39万公里增至2008年的3.31万公里,占全国航道通航里程的比重由20.5%增至26.9%。西部地区四级以上高等级航道里程从1999年的1639公里增至2008年的3463公里,实现了"两个提高",一是四级以上高等级航道里程占西部地区航道里程的比重由1999年的6.9%提高至2008年的10.5%;二是四级以上高等级航道里程占全国四级以上高等级航道里程的比重由1999年的12.7%提高至2008年的21.6%,见图1。

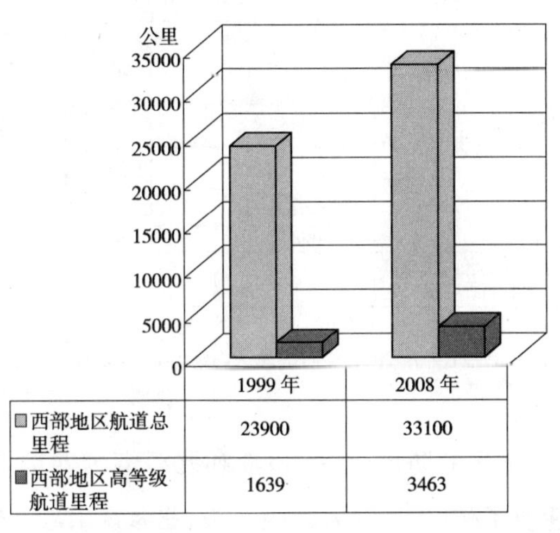

	1999年	2008年
西部地区航道总里程	23900	33100
西部地区高等级航道里程	1639	3463

图1　1999年及2008年西部地区航道总里程数、高等级航道里程数

(三)港口吞吐能力显著提升

1.内河港口

十年来,实施了以重庆寸滩港作业区工程、四川泸州集装箱码头工程、广西贵港港罗泊湾作业区二期工程、广西南宁陈东港码头货场工程等为代表的一大批重点项目,使西部地区港口吞吐能力显著提升。货物吞吐量由1999年的6100万吨增至2008年的18800万吨,年平均增长13.3%;集装箱吞吐量由1999年的3万TEU增至2008年的79万TEU,年平均增长43.8%。西部内河港口吞吐能力实现了"两个提高",一是货物吞吐量占全国内河货物吞吐量的比例由1999年的14.4%提高至2008年的16.1%(图2);二是集装箱吞吐量占全国内河集装箱吞吐量的比例由1999年的1.2%提高至2008年的6.8%(图3)。

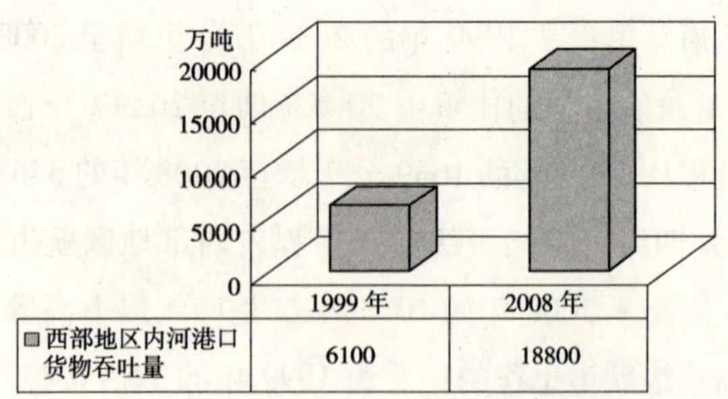

图 2　1999 年及 2008 年西部地区内河港口货物吞吐量

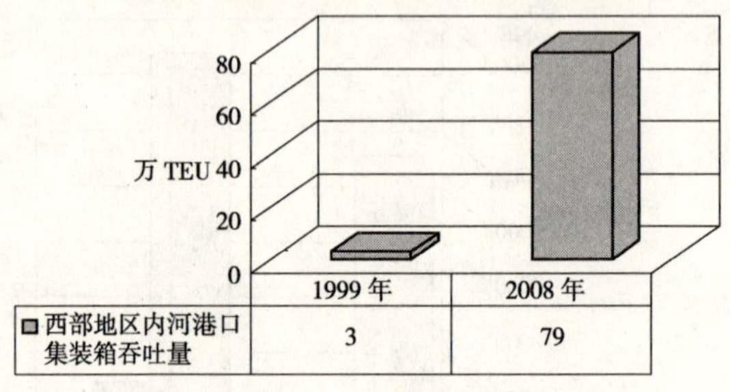

图 3　1999 年及 2008 年西部地区内河港口集装箱吞吐量

2. 沿海港口

广西北部湾经济区的防城港、钦州港和北海港为西部地区唯一的出海口，十年来主要建设了防城港 20 万吨级码头、北海铁山港 1—4 号 10 万吨级泊位等工程，港口面貌发生了巨大变化。沿海港口生产性泊位由 1999 年的 136 个增至 2008 年的 205 个，其中，万吨级以上泊位由 1999 年的 18 个增至 2008 年的 40 个，年平均增长 9.3%；货物吞吐量由 1999 年的 1525 万吨增至 2008 年的 8090 万吨，年平均增长 20.4%；集装箱吞吐量由 1999 年的 1 万 TEU 增至 2008 年的 34 万 TEU，增长了 33 倍。

（四）船舶标准化程度显著改善

十年来，西部地区内河船舶数量增加了 500 艘，净载重量由 1999 年的 193 万吨位增至 2008 年的 655 万吨位，增加了 462 万吨位，占全国内河船舶净载重量的比重由 1999 年的 9.3% 增加至 2008 年的 11.9%。船舶平均吨位由 1999 年的 74 吨增至 2008 年的 247 吨。

（五）内河运输水平显著增强

十年来，随着水运基础设施的逐步改善，西部地区内河运输水平得到了大幅度的提高。货运量由 1999 年的 0.55 亿吨增至 2008 年的 2.0 亿吨，年平均增长 15.4%，货物周转量由 1999 年的 180 亿吨公里增至 2008 年的 1199.8 亿吨公里，年平均增长 23.5%。内河运输水平实现了“两个提高”，货运量占全国内河货运量的比重由 1999 年的 8.1% 提高至 2008 年的 14.9%（图 4）；货物周转量占全国内河货物周转量的比重由 1999 年的 11.7% 提高至 2008 年的 28.9%（图 5）。

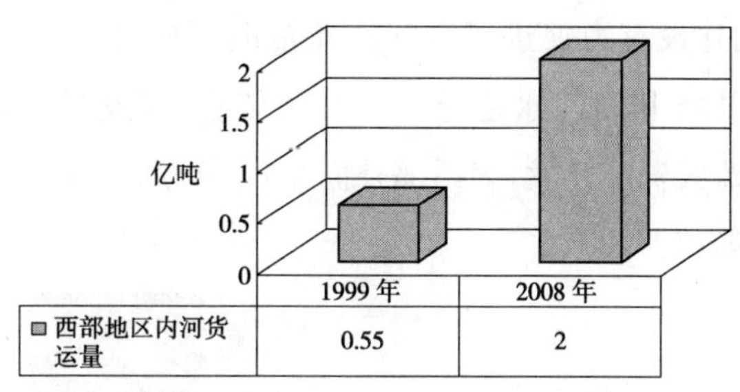

	1999 年	2008 年
■ 西部地区内河货运量	0.55	2

图 4　1999 年及 2008 年西部地区内河货运量

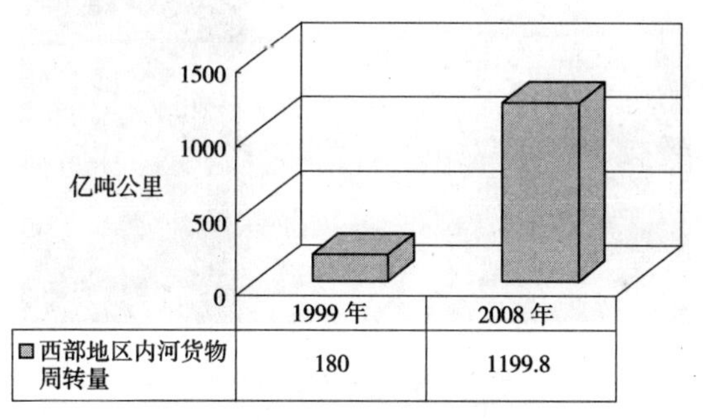

	1999 年	2008 年
■ 西部地区内河货物周转量	180	1199.8

图 5　1999 年及 2008 年西部地区内河货物周转

从以上五个变化可以看出，西部地区内河水运发展水平与中东部地区的差距已经显著缩小，表明国家西部大开发战略已取得初步成效。

二、十年建设，凸显五大成效

（一）干线航道建设促进了流域经济发展和生产力合理布局

十年来，在长江干线重点实施了长江三峡库区航道及航运设施淹没复建工程、重庆至宜宾段航道整治工程等项目。库区航道可通航 3000 吨级船舶或万吨级船队；重庆至宜宾段 370 公里航道水深由 1.8 米提高至 2.7 米，可通航1000吨级船舶，同步更新航标设施，实现了昼夜通航，航道通行能力和通行效率大幅度提高。

十年来，在西江干线重点实施了桂平二线船闸工程、贵港至梧州航道整治工程、长洲水利枢纽一线、二线船闸工程等重要项目，实现了南宁至广州847公里全线可通航1000吨级船舶。水泥厂、电厂等企业纷纷落户西江两岸，大型水泥厂建设形成的水泥年运量达3000多万吨。

干线航道的建设有力促进了沿江产业带的形成，优化了沿江生产力的合理布局，沿江经济和内河水运进入了互为依存、相互促进的良性发展阶段，加快了西部地区资源开发，为西部外向型经济的发展提供了有利的支撑（图6为川江新航路照片）。

图6　川江新航路

（二）通航河流梯级渠化工程促进了水资源综合利用

十年来，按照“综合利用水资源，航电结合，联合建设，滚动开发，全江渠化，发展航运”的内河水运发展新思路，嘉陵江15级梯级渠化开发工程全面展开，共投入资金273.6亿元，设计总装机266.2万千瓦，设计年发电量116亿千瓦时（图7）。目前，四川段的马回、东西关、红岩子、桐子壕、金银台、新政、金溪等7个航电枢纽已建成，小龙门、沙溪、凤仪场、青居、苍溪、亭子口等6个航电枢纽正在建设；重庆段的草街、利泽2个枢纽正在建设。工程的建设极大促进了沿江矿产资源开发，提高了能源供应能力，加快了沿江城市经济的建设，沟通了沿江（河）两岸经济交流，改善了沿江城市水环境、居民生活用水质量、农田灌溉条件，带动了水产养殖业发展，同时为发展旅游业创造了良好的条件,实现了水资源的综合利用和效益最大化。

图7 重庆嘉陵江草街枢纽工程

(三)支流航道和码头建设带动脱贫致富

十年来,在南、北盘江、红水河(图8)、赤水河实施了西南水运出海中线通道贵州段航道整治工程、红水河羊里码头工程、赤水河航运工程等一系列建设项目,有效带动了两岸经济的发展。通航河流两岸34个贫困县发生了巨大变化,如罗甸县财政收入上升了50倍;余庆县的一座座新兴的集镇矗立在乌江岸边,借船出海,以港兴镇;北盘江沿岸老百姓积极种植柑橘等经济作物,增加了农民的收入;赤水河沿岸的习水县、古蔺县煤炭每年多运出100万吨,国内生产总值增加近5亿元。内河航运建设促进了两岸老、少、边、穷地区人民早日脱贫致富,加快了社会主义新农村建设步伐。

图8 航行在红水河上的引航船和运输船

(四)大型专业化泊位和港区的建设支撑了重点产业发展

近年来,投资49亿元,分三期实施的重庆寸滩枢纽港区建设了9个3000吨级集装箱泊位(图9),提高了港口吞吐能力,极大的促进了重庆水运的发展,2008 年全市 90% 以上的进出口外贸物资通过水路运输完成,推动了内陆首个保税港区—重庆寸滩保税港区的建立,有力促进了重庆外向型经济的发展,成为中西部加快开放的推进器。

图9　寸滩港一期工程

2002 年建成的一次起调能力 550 吨特大重件的乐山大件码头(图 10),是当时我国起吊能力最大的特大重件码头。乐山大件码头建成以来,先后承运了以单件净重 497 吨三峡右岸第一台转轮为代表的多批次国家重点工程大件物资。2000 年至 2008 年,水路完成重大件运输共计 538 批次、13.39 万吨,为四川重大装备制造产业提供了重要保障,极大地支持了地方经济建设,取得了良好的经济效益和社会效益。

图10　乐山大件码头

（五）船舶标准化工作稳步推进，节能降耗效果显著

十年来，西部地区加快推进船舶标准化工作，一批适合新型运输方式的专业化运输船舶得到快速发展，西部的船舶平均吨位由 74 吨提高到 247 吨，其中重庆市的船舶标准化工作效果最为明显，2008 年，全市货运船舶平均吨位达到 1300 吨以上，居全国内河之首，是 1999 年的 20.3 倍。船舶单位能耗明显降低，由 1999 年的 7.6 千克/千吨·公里下降到 2008 年的 3.1 千克/千吨·公里，降幅达 59%，共节约燃油近 40 万吨/年，节油效益达 21 亿元/年。

三、展望未来

从全国看，"十五"期内河投资 326 亿元，"十一五"前三年内河投资 521 亿元，今年 1～9 月内河完成投资 187 亿元，同比增长 15.7%，全年预计将突破 200 亿元大关，表明我国内河水运建设已经进入了黄金发展时期，同时西部的内河水运发展也将进入快速发展时期。

（一）近期看，西部内河水运建设后劲充足

根据我部内河建设统计数据，截至 2009 年 9 月，西部内河水运在建项目总计 119 项，在建总规模达到 582.5 亿元，其中，航道工程投资 96.8 亿元，港口工程投资 99.5 亿元，枢纽工程投资 293.9 亿元，这些项目将陆续于明后两年内建成，将会改善航道里程 1235 公里，新增港口泊位 285 个，新增货物年通过能力 5423 万吨，新增装机容量 856 兆瓦。可以看出，西部地区水运建设项目储备充分，发展后劲充足，将为当地经济社会的可持续发展提供有力支撑。

（二）长远看，西部内河水运建设前景光明

到 2015 年，西江干线航道进一步升级，南宁至广州航道等级从 1000 吨级提高到 2000 吨级，百色至南宁航道等级达到 1000 吨级，形成一条 1200 公里长的高等级航道，内河港口总吞吐能力将超过 1 亿吨。

到 2015 年，重庆至宜宾航道等级将从 1000 吨级提高到 2000 吨级，重庆港到港口货物通过能力达到 1.8 亿吨，集装箱吞吐量达到 500 万 TEU。

到 2030 年，重庆至宜宾航道等级标准将提高到 3000 吨级，四川省主要

港口吞吐能力将达到2.5亿吨,集装箱吞吐能力达到1050万TEU。

实施西部大开发战略十年以来,西部水运落后的面貌已经得到了初步的改变,与全国的差距在逐步缩小,水运建设已经走上了良性发展的道路。随着西部大开发战略的深入,西部水运必将发生根本性的变化,形成以水运主通道为骨架、干支相通、水路联运、设施配套、功能完善、优质服务的现代化内河航运体系,满足西部地区经济社会发展的需要,为构建西部综合交通运输体系发挥更大的作用。

情况介绍四

交通运输部科技司副司长　**洪晓枫**

2009 年 11 月 24 日

各位记者朋友们：

大家上午好！交通的发展是西部地区社会经济持续快速发展的重要内容与保证，对于西部地区基础设施的建设、产业结构的调整、社会经济的迅速发展、城市化和市场化进程的快速推进具有重大的现实意义。国务院在《“十五”西部开发总体规划》中明确指出：“交通是西部开发的第一要务。本世纪头十年是实施西部大开发战略的关键时期，西部地区交通基础设施建设必须取得突破性进展”。依靠科技进步与创新，贯彻“科教兴交”战略，是实现西部交通跨越式发展的重要保证。

在财政部等部门的大力支持下，交通部于 2000 年启动了“西部交通建设科技项目计划”（以下简称“西部项目”），即：每年列支不超过 2 个亿的专项资金，用于西部交通基础设施建设的科技攻关。目的在于凝聚社会科技资源，攻克长期困扰西部地区交通建设的技术难题，打破制约西部交通发展的技术瓶颈，促进西部交通建设的又好又快发展，推动西部大开发战略的顺利实施。这是交通部党组抓住西部大开发的历史机遇做出的、关系到西部交通科学发展、关系到西部大开发战略顺利实施的科学决策、重大决策，是交通行业依靠科技进步，坚持科技创新，建设创新型行业的重要体现。

在近十年的攻关历程中，遵循部党组提出的“以实用工程为主，以重点公路、水路交通建设中的技术问题为主，以长期想解决而现在还没有解决的技术问题为主，以交通运输发展需要的共性技术和基础研究为主”的指导原则，西部项目围绕西部地区 9 条国道主干线、8 条省际公路通道、9 条主要通航河流等重点工程，依托 2098 个公路实体工程和 124 个水路实体工程建设的技术需求，用近 20 个亿的财政拨款支持了 756 个项目的研究，涵盖了公路水路基础设施建设与养护、运输服务、交通安全和绿色交通五大技术领域，取得了一系列重大关键技术突破与创新，在西部地区交通建设中得到广泛应用，有效缓解了制约西部地区交通发展的技术瓶颈，有力支撑了西部地区的交通建设，取得了显著的经济效益。据测算，西部项目总经费的投入产出比为1:27，直接经济效益达到800多亿元。西部项目的实施，还有力支持了交通运输部重点工作的开展，并为西部地区的交通科技事业注入新的活力，在创新科技成果、提升科技水平、带动科技投入、培养科技人才、锻炼科技队伍等方面，发挥了重大推动作用，开启了西部交通科技的新时代。

一、重大技术突破与创新为西部交通建设“保驾护航”

十年攻关历程中，西部项目取得了30个方面的重大突破，形成了特殊地质条件下公路建设成套技术、世界级桥梁隧道建设技术、港口建设技术、交通安全保障技术及绿色交通技术等一大批重大技术成果，在提高工程质量、延长设施寿命、降低工程造价、加快工程进度、保障交通安全、保护生态环境、节约资源和节能减排等方面成效显著，为西部交通建设的顺利实施起到了“保驾护航”的作用，主要体现在以下八个方面：

（一）在公路建设方面，围绕长期制约西部地区公路交通建设发展的特殊地质筑路技术难题，从勘察、设计、施工、养护等方面开展系统性研究，形成了沙漠、冻土、膨胀土、岩溶、黄土、盐渍土等6大特殊地质筑路成套技术，攻克了沙漠高速公路路基压实、多年冻土地区公路病害机理、膨胀土路堑边坡稳定、隐伏溶洞顶板变形监测、黄土浸水入渗工程特性、盐渍土四场耦合等世界性技术难题，支持了特殊地质地区1.2万公里高等级公路建设，推动了大规模国道主干线和省际通道建设向西部地区的延伸；保证了集中国地质病害之大成、世界上施工难度最大的在建山区高速公路——湖北沪蓉西高速公路工程建设的顺利进行，使其成为了中国乃至世界山区高速公路建设的典范。

（二）在桥梁建设方面，重点攻克了桥位勘测、适宜大跨结构设计和生态保护施工等方面的技术难题，形成了大跨千米级钢桁悬索桥、钢管混凝土拱桥、高墩大跨弯坡斜桥、大跨钢筋混凝土箱形拱桥、钢—混凝土组合桥梁等的设计施工成套技术，成功指导了世界最大跨径钢管混凝土拱桥——巫山长江大桥和同类桥型世界最大跨径的茅草街大桥的建设；保障了四渡河大桥、坝陵河大桥、矮寨悬索桥建设的顺利进行。围绕在役桥梁安全运营方面亟待解决的重大技术难题，重点攻克了桥梁检测诊断、安全与耐久性评估、维修加固改造、剩余寿命预测与全寿命周期设计等关键技术，大幅提升了我国桥梁养管技术水平。全寿命周期设计技术成果为湖北鄂东长江公路大桥节约成本近5.6亿元。

（三）在隧道建设方面，重点解决了特长公路隧道通风、防灾、运营、监控，特殊结构形式公路隧道设计计算方法、爆破控制、合理支护设计等技术难题，支持了雪峰山隧道、龙潭隧道、沪蓉西高速公路八字岭隧道、都江堰至汶川公路的紫坪铺隧道、雅泸高速公路干海子小半径双螺旋隧道等486座隧道工程的建设，缔造了秦岭终南山隧道“天下第一隧”的壮举，见证了我国特长公路隧道从“不敢建”到“敢于建、善于建”的全过程技术发展周期，使我国山岭公路隧道建造水平进入世界前列。

（四）在航道建设技术方面，解决了山区河流不同类型特性的滩险整治、枢纽上游变动回水区及枢纽坝下近坝段航道整治、整治建筑物形式及其稳定性等技术难题，形成的一整套山区河流不同类型滩险整治理论和技术成果，为西部地区加快提高航道等级提供了技术支撑，保障了长江、西江、黄河流域内河航道建设工程及航运梯级开发的顺利实施。

（五）在枢纽通航建筑物建设技术方面，解决了上下游引航道水力学计算的理论问题，攻克了超高水头船闸输水系统阀门空化的世界难题，突破了通航枢纽、船闸建设、升船机建设等重大关键技术难题，支撑了西江、嘉陵江、乌江等航运梯级开发和重庆草街、长江小南海等航电枢纽建设。围绕提升三峡枢纽综合通过能力，开展的标准船型、船舶动态监控、三峡—葛洲坝两坝航运联合优化调度等一系列研究，为三峡船闸年货物通过量由2004年的3400多万吨提高到2008年的5300多万吨提供了保障。

（六）在港口建设技术方面，攻克了山区河流在大水位差条件下建港的码头结构形式和装卸工艺等技术难题，解决了沿海港口在复杂环境条件下的港口建港条件、码头结构新形式、材料耐久性等关键技术问题，推动了我国港口建设从优质岸线向普通岸线、从优良地质条件向一般地质条件、从沿岸近岸水域向离岸深水水域的发展。

(七)在交通安全技术方面,构建了公路交通安全基本理论体系框架,填补了我国在该领域理论研究的空白,实现了应用技术、管理技术、标准规范、长效管理手段的创新,在西部12个省区6000多公里高速公路建设得到了应用,有力支持了全国公路安全保障工程的实施。示范路段年均重特大交通事故数降低了77%,死亡人数降低81%,减少损失数十亿元。

(八)在绿色交通技术方面,以突破解决生态选线、植被恢复、地景融合等技术为重点,"在设计上最大限度地保护生态,在施工中最小程度地破坏和最大限度地恢复生态",支撑了云南思小路、湖北神宜路、四川川九路等生态示范工程建设,引领了我国公路建设与自然和谐发展之路。"材料节约与循环利用专项行动计划"大力推广了机制砂、岩沥青、硅藻土、火山灰、工业废弃物等地方性材料筑路技术成果,有效降低了工程造价,促进了地方经济发展;以废旧橡胶粉应用、路面材料再生、温拌沥青路面为代表的资源节约技术的普及应用,改善了区域环境,促进了循环经济的发展,为交通运输行业走"资源节约型、环境友好型"发展之路奠定了坚实的基础。

二、提升行业科技水平,增强自主创新能力

西部交通建设科技项目计划自启动至今,已有299个项目完成鉴定验收,86%以上的项目成果达到国际先进或国内领先水平,部分成果达到国际领先水平。这些项目成果在各级科技奖项评选屡获殊荣。截至目前,已有3个项目获"国家科技进步一等奖",8个项目获"国家科技进步二等奖",1个项目获"国家技术发明二等奖",4个项目获"中国公路学会科技进步特等奖",27项成果获得"省部级科学技术进步一等奖",74项成果获"省部级科学技术进步二等奖",51项成果获省部级科学技术进步三等奖,获奖总数达168项。

依托西部项目成果,行业学术水平有了显著提高,自主创新能力有了明显增强。目前,国内外核心期刊上发表的关于西部项目成果的学术论文已达2560篇,并有869篇被三大检索(EI、SCI、ISTP)收录;出版学术著作89部;申请并获得国家专利232项,其中,发明专利87项,实用新型专利145

项;获得软件著作权 90 项。

三、带动地方交通科技投入,促进西部交通科技发展

西部项目对西部地区交通的推动作用体现在两个方面:一是吸引带动地方资金投入,二是促进了当地科研活动的开展。据统计,“十五”期间,财政预算每投入 1 万元,能够吸引 5645 元的地方配套资金;而在“十一五”期间,财政预算每投入 1 万元,能够吸引 8904 元的地方配套资金,是“十五”时期的 1.6 倍。西部项目财政预算资金的吸引和带动作用促进了地方交通科研基础条件建设,加强了各地方针对本地交通建设特点和需求的科技攻关,提升了西部地区交通可持续发展能力。

四、支持部重点工作,支撑标准规范制修订

西部项目成果所支持的部重点工作主要包括生态示范工程、公路安全保障工程、治理车辆超载超限、农村公路建设、危桥改造、节能减排、长江黄金水道建设、三峡库区运输船舶船型标准化等。西部项目支撑的各类标准规范制修订共计 304 项,其中,国家标准 35 项,行业标准 199 项,行业或地方规范 70 项,形成设计施工指南和技术手册 148 个。以公路工程规范为例,现行的公路、桥梁、隧道设计与施工技术规范共有 27 本,其中有西部项目成果支撑其制修订的 12 本,占总数的 44%。12 本规范中,仅《公路路基设计规范》就有 14 个西部项目的研究成果支撑了其制修订工作。充分发挥交通科技对行业发展的技术支撑作用。

五、在关系国计民生、社会发展的重大交通工程里体现价值

西部项目成果不仅应用于西部地区的交通建设,在许多关系国计民生和社会发展的重大交通工程里也得到了应用,做出了应有的贡献,体现了应有的价值。公路桥梁抗震性能评价与抗震加固技术、震后桥梁性能评价及加固技术、县乡道路路基路面设计与施工技术和山区支挡结构物施工技术等成果为汶川地震灾区道路桥梁等交通基础设施的修复重建提供了技术指导,支持了震后重建工作;温拌沥青技术在奥运道路建设和长安街改造中

应用，在支持奥运和献礼国庆中发挥了应有的作用；大跨径桥梁设计技术在苏通大桥、杭州湾大桥、港珠澳大桥中应用，滨海潮差路段道路修筑技术成果支持了辽宁滨海路建设，为当地的经济社会发展创造了条件；在农村公路建设和公路保通保畅方面的成果加快了边疆和民族地区公路建设的步伐，使当地的交通条件和经济发展环境日益改善，使边疆和少数民族地区经济不断发展、人民生活水平不断提高，维护了边疆的稳定，巩固了民族的团结。

六、推动科技创新体系建设

在加强创新体系建设方面，西部项目支持了行业重点实验室的培育和发展，支持了西部地区的交通科技人才培养，进行了科技管理体制的有益探索。目前，已有23个行业重点实验室参与西部项目研究，占到重点实验室总数的71.9%。23个实验室中，参研人数超过了70%，涉及58个研发方向。西部项目参研人员中，已有1119人晋升为高级技术职称，1245人晋升为中级职称；有1980位西部地区在职人员通过西部项目的培养获得硕士学位，有624位西部地区在职人员获得博士学位；“5531”交通部支持西部干部培训计划，共累计培训西部地区交通管理和技术人员超过5万人次，培养研究生700人；涌现出一大批行业的科技领军人物。西部项目管理工作从科研管理的基本程序入手，以建立健全各种规章制度为基础，以建立和完善项目管理机制为重点，构建起科学、规范的项目管理体系，并不断推进管理改革与创新，尤其是立项和成果推广方面的改革与创新，走出了一条制度化、规范化、科学化的管理之路。

今天的发布会到此结束，谢谢大家。

附：

出席新闻发布会的新闻机构共有新华社、人民日报、中央人民广播电台、中央国际广播电台、中央电视台、央视网、光明日报、工人日报、法制晚报、科技日报、中国交通报、中国水运报等15家。

发布时间:2009 年 12 月 28 日下午 2 时

发 布 人:宋德星　交通运输部水运局局长、台湾事务办公室主任

主 持 人:柯林春　交通运输部政策法规司副司长、新闻办常务副主任

发布地点:交通运输部新闻发布厅

海峡两岸海上直航一周年情况新闻发布会

发布辞

交通运输部水运局局长、台湾事务办公室主任　**宋德星**

2009 年 12 月 28 日

各位新闻界的朋友:

大家下午好! 去年 11 月 4 日,海协会陈云林会长与海基会江丙坤董事长在台北签署了包括《海峡两岸海运协议》在内的四个协议,实现了两岸人民盼望已久的“三通”。当年 12 月 15 日,两岸间海上直航正式启动。

下面,我就台湾海峡两岸海上直航一年来的一些情况,及我们今后一段时期的打算向大家做个简要介绍。

一、直航一年以来的情况和特点

直航一年来,两岸共批准了 160 余艘船舶从事两岸海上直航运输,同时还批准了 1400 多个单航次运输。两岸公布的 81 个直航港口(港区),已有 71 个港口(港区)开通了直航运输。一年来的直航主要有以下几个特点:

一是货运总量稳步攀升。在遭受全球金融危机影响,世界海运市场整体低迷的情况下,一年来两岸间航运不仅没有衰减,反而逆势增长,运送两岸贸易货物和中转货物共计 5780 万吨,同比增长 2%。

二是客运量增长迅速。一年来,两岸间海上运输共运送旅客140万人次,同比增长40%。两岸间首条定期客货班轮航线,从厦门直达台湾本岛,由中远集团下属厦门远洋公司的"中远之星"轮,于今年11月19日正式开通。两岸海上直航,为两岸之间的人员往来提供了极大方便。

三是集装箱运输量继续增长。目前,共有38艘集装箱船在从事两岸间集装箱货物运输,开辟直航集装箱班轮航线21条,全年共运送集装箱140万TEU,同比增长11%。

二、两岸交通主管部门一年来所做的主要工作

为贯彻落实《海峡两岸海运协议》,我部于2008年12月12日发布了《关于台湾海峡两岸间海上直航实施事项的公告》(交通运输部2008年第38号公告)和《台湾海峡两岸直航船舶监督管理暂行办法》,明确了两岸航运管理模式、公司及船舶的市场准入标准和申请程序。我部还于2009年5月16日发布了《促进两岸海上直航的九项政策措施》,其中包括允许两岸登记的非运输两岸间贸易货物的船舶,从两岸港口或第三地港口进入对方港口等惠及两岸航商的措施等。

两岸海上直航后,大陆交通运输主管部门加强对两岸间海运市场的监管,维护市场秩序,保护两岸航商的合法权益,先后对6家违规从事两岸航运业务的公司,依法予以警告、罚款或暂停经营资质的处罚。

此外,两岸航运主管部门通过海峡两岸航运交流协会和台湾海峡两岸航运协会的渠道,一年来举行了多次会晤,及时协调处理《协议》实施过程中出现的问题,保证了海上直航的顺利进行。

三、海上直航促进了两岸经贸交流与合作,惠及了两岸人民

两岸海上直接通航之后,航线截弯取直,船舶往来两岸时不必再绕行第三地,可以节省航行时间、燃料成本及第三地港口签证费用。根据船型不同及航线不同,经初步统计,大约可节省营运成本15%~30%,一年来累计节省费用1.2亿美元,减少燃油消耗7万多吨,减少碳排放量近21万吨。既有利于两岸经济贸易的发展,又为港航企业克服金融危机带来的困难及长远

发展带来了实实在在的好处。在世界航运市场普遍负增长的情况下，海峡两岸因直航逆势而增长，不仅扩大了两岸经济需求，而且带动就业。两岸航运业界通过多角度、全方位的合作，优化航运线路，相互借鉴经验、优势互补，共同提高两岸航运业的发展水平，提升国际竞争能力，并带动两岸海上物流及其他产业的融合发展，共同应对来自国际市场的风险和竞争。

今年8月，台湾南部地区突遭“莫拉克”台风袭击，给当地民众生命财产造成了重大损失。大陆同胞获知此消息，慷慨解囊；相关部门及时组织，突击生产了灾民急需的板房；中远集团、中联航运和台湾阳明海运等两岸船公司紧密配合，不计成本，通过直航在最短时间内将这些救援物资运抵台湾。

此外，两岸资本的非商业运输船舶（如：航海教学实习船、海洋科学考察船、工程船、救助打捞船等）被允许进入对方港口后，“雪龙”号科考船、大连海事大学的教学实习船“育鲲”轮今年先后赴台交流访问，加强了两岸的学术交流与合作。两岸在海上人命救助合作方面也取得了良好的进展，今年10月，大陆救助打捞船成功在台湾东部海域实施了对遇险船舶的救助行动。

四、海上直航面临的问题及下阶段工作重点

一年来，两岸海上直航虽然取得了较好的进展，但由于两岸海上直航实现的时间还不长，航运市场发展还不成熟，两岸在落实《台湾海峡两岸海运协议》方面还有许多工作要做，直航所涉及的一些技术和业务问题还有待双方进一步协商解决。

第一，两岸有关方面将继续密切合作，逐步建立并完善直航管理机制。推进两岸间船舶技术标准规范的衔接，推动两岸在海上安全等方面的交流和合作，加强对口磋商，尽快协商编制两岸直航船舶共同技术标准，共同保障海上人命、环境和航行安全。

第二，秉承互利合作、互惠双赢的宗旨，扩大和深化两岸在海运领域的交流与合作，鼓励和支持台湾航运界的朋友们到大陆投资设立经营性机构，我们将为此提供必要的便利；同时我们也将帮助支持大陆航运业者赴台开展有关业务工作。

第三，加强两岸海运市场经营秩序监管，重点加大对未经批准从事两岸

海上运输和以低于正常、合理水平提供运价服务，妨碍公平竞争等违规行为的查处力度，维护两岸船公司的合法权益。

第四，继续鼓励支持两岸港航业者在前一段"抱团取暖"的基础上，加强交流合作的广度和深度，除了在航线、班期、舱位方面合作外，还可加强在物流、船代、货代、港口、码头等方面的交流与合作。

最后，我受权宣布大陆方面最新制定的进一步促进两岸海上直航的三项政策措施。

1. 关于两岸间空箱调运

从事国际集装箱班轮运输且在两岸登记的船舶，可在两岸港口间承运经营者自有的、租用的或其他公司拥有的空集装箱。经营者应提前向交通运输部备案，取得《台湾海峡两岸间空箱调运备案证明书》后，方可从事空集装箱调运业务。经营者应在每年 1 月 10 日前，将上一年度所运送空集装箱数量报交通运输部。

2. 关于两岸间集装箱直航运输

经交通运输部批准从事两岸间集装箱直航运输的船舶，可运输两岸贸易货物，也可运输中转货物。

未经交通运输部批准，已取得两岸直航集装箱班轮运输资格的经营者，不得向不具备经营两岸直航集装箱班轮运输资格的经营者出租舱位，或者互换舱位，或者转让经营资格。

3. 关于两岸间海上客运

从事两岸间海上客运的船舶应经验船机构检验，符合有关公约的技术标准，持有两岸相互认可的有效证书；客船经营公司应建立安全管理体系，并依法办理船东责任和旅客意外伤害有关保险。

根据《海峡两岸海运协议》确定的"平等参与、有序竞争，根据市场需求，合理安排运力"的原则，并有利于两岸间客运市场的培育和发展，每条客运航线初期将严格控制运力投放，今后视市场发展变化情况调整运力。

今天发布会的内容就是这些。谢谢大家。

答记者问

［中新社记者］ 《海峡两岸海运协议》中明确提到“双方按照平等参与、有序竞争原则，根据市场需求，合理安排运力”，请问直航一年来两岸交通主管部门在运力调控方面做了哪些工作，效果如何，下一步还有什么打算？

［宋德星］ 《海峡两岸海运协议》中明确提到了“双方按照平等参与、有序竞争原则，根据市场需求，合理安排运力”，直航一年来，两岸多次就如何落实这一规定进行磋商，目前已达成如下共识：运力调控的重点为集装箱班轮、客船和散装液货船，对不定期普通货物的船舶原则上不进行运力总额的限制。

由于两岸有关主管部门采取了严格控制运力投放等宏观调控措施，有效地遏制了受金融危机和直航后航距减少、班期缩短、运力相对增加等多种因素影响而造成的船舶实载率下降的局面。以集装箱班轮为例，平均实载率已由直航前50%增加到目前的60%。但是，目前还存在海上直航运价偏低，各航线发展不平衡的问题。因此，我们将继续根据船舶的实载率和预期货源增长情况，适时调控运力投放。同时鼓励尽量使用两岸登记的散装液货船从事直航运输，促进两岸贸易发展。

在此，我们希望两岸航运公司继续采取自律措施，稳定市场，维护公平竞争秩序。

［中央电视台记者］ 刚才发布的大陆方面最新制定的《进一步促进两岸海上直航的三项政策措施》中提到：每条客运航线初期将严格控制运力投放。请解释一下做这样安排的原因。

［宋德星］ 新开客运班轮航线，主要指的是大陆至台湾本岛之间的定期客运航线。因这种航线是直航后才有的，例如厦门远洋开通的厦门—台中、厦门—基隆航线。由于台湾海峡风大浪高，需投入大吨位的船舶，以保证旅客乘坐的舒适性和安全性。目前正在运营的“中远之星轮”，就是一艘两万七千吨左右的客滚船，资金投入大，运营成本高，目前旅客实载率还比

较低,其市场培育需要有个过程,初期将面临较大的亏损风险。在此情况下,对首开两岸客运班轮航线给予适当运营期保护,是十分必要的。所以每条航线初期要严格控制运力投放。以后根据航线的运营情况,再考虑是否投入新的运力。

[**中国交通报记者**] 请问宋德星主任,您刚才提到了空箱调运问题,我记得一般是重箱和空箱一起运的,是不是在今天发布之前,不允许在两岸间调运空箱。第二个问题是您在"下阶段的工作重点"中提到"尽快协商编制两岸直航船舶共同技术标准,共同保障海上人命、环境和航行安全",能否补充介绍一下这方面的情况?

[**宋德星**] 在政策发布之前,只允许经批准的直航班轮运输两岸间空箱,包括经营者自有的、租用的或者是其他公司的空集装箱。而现在只要在两岸登记注册的船舶,就可以调运两岸间空集装箱。这样做的目的是方便两岸公司的经营。

第二个问题,关于直航船舶的共同技术标准问题,由于台湾海峡海况复杂,浪高流急,对船舶安全标准要求较高,而两岸至今尚未制定共同的船舶技术标准。随着两岸人员往来的不断增加,两岸海上客运市场发展迅速,必须尽快协商编制两岸直航船舶共同技术标准,特别是客船的技术标准,有利于保障海上人命、环境和航行安全。

附:

出席新闻发布会的新闻机构有新华社、中央人民广播电台、中央电视台、经济日报、工人日报、中国日报、中新社、央视网、中国交通报、中国水运报等13家。

交通运输行业副局级以上单位新闻发言人名单

序号	单　　位	姓名	职　　务
1	交通运输部	何建中	政策法规司司长、新闻办公室主任
2	中国民用航空局	王志清	综合司司长
3	国家邮政局	刘　君	综合司司长
4	中国海上搜救中心	翟久刚	总值班室主任
一、各省、自治区、直辖市交通运输厅(局、委)			
1	北京市交通委员会	李晓松	副主任
2	天津市交通运输和港口管理局	于振东	政研室主任
3	河北省交通运输厅	宋晓瑛	厅组副书记、副厅长
4	山西省交通运输厅	尹新平	厅办公室主任
5	内蒙古自治区交通运输厅	牛东风	副厅长
6	辽宁省交通运输厅	杨成伍	副厅长
7	吉林省交通运输厅	厉正强	党组书记
8	黑龙江省交通运输厅	马云洲	厅党组成员、副厅长
9	上海市交通运输和港口管理局	王洪金	副局长
10	江苏省交通运输厅	汪祝君	副厅长
11	浙江省交通运输厅	郑黎明	副厅长
12	安徽省交通运输厅	齐泽民	厅党委副书记
13	福建省交通运输厅	马继列	副厅长
14	江西省交通运输厅	谢元银	厅办公室主任
15	山东省交通运输厅	高洪涛	副厅长
16	河南省交通运输厅	赵国强	副厅长
17	湖北省交通运输厅	张月斌	厅纪检组长
18	湖南省交通运输厅	邹和平	副厅长
19	广东省交通运输厅	曾兆庚	副厅长
20	广西壮族自治区交通运输厅	梁　毅	副厅长
21	海南省交通运输厅	李年佑	副厅长
22	重庆市交通委员会	章勇武	副主任
23	四川省交通运输厅	鲜　雄	厅党组成员、副厅长
24	贵州省交通运输厅	周明忠	助理巡视员
25	云南省交通运输厅	唐文祥	副厅长
26	西藏自治区交通运输厅	赵世军	厅长

续上表

序号	单　　位	姓名	职　　务
27	陕西省交通运输厅	魏培斌	厅党组成员、副厅长
28	甘肃省交通运输厅	杨映祥	副厅长
29	青海省交通运输厅	杜　军	厅办公室主任
30	宁夏回族自治区交通运输厅	勾红玉	副厅长
31	新疆维吾尔自治区交通运输厅	李学东	副厅长
32	新疆生产建设兵团交通局	范辅臣	巡视员
二、部直属各单位			
1	长江航务管理局	阮瑞文	副局长
2	珠江航务管理局	张文爽	巡视员
3	长江航道局	魏志刚	副局长
4	长江三峡通航管理局	邱健华	副局长
5	长江口航道管理局	任　舫	局办公室主任
6	中国船级社	徐庆岳	总裁办公室主任
7	交通运输部科学研究院	庄长波	党委副书记
8	交通运输部规划研究院	吕　豹	副院长、纪委书记
9	交通运输部公路科学研究院	曹　鹏	院办公室主任
10	交通运输部水运科学研究院	陈　彤	党群办公室主任
11	交通运输部天津水运工程科学研究院	许家帅	办公室主任
12	交通专业人员资格评价中心	李祖平	副主任
13	中国交通报社	李咏梅	副社长
14	人民交通出版社	蒋明耀	党群部主任
15	中国交通通信信息中心	殷　林	副主任
三、交通企业			
1	中国远洋运输(集团)总公司	李云鹏	党组纪检组组长
2	中国海运(集团)总公司	张国发	副总裁
3	中国外运长航集团	徐建东	办公室主任
4	中国交通建设集团	刘文生	董事会秘书、总经济师
5	招商局集团有限公司	胡　政	副总裁
四、院校			
1	大连海事大学	郑少男	副书记、副校长
2	交通运输部管理干部学院	庄淑云	党群部主任